2023

Zentrale Klausur

Original-Prüfungsaufgabe
mit Lösungen

Gymnasium · Gesamtschule NRW

Mathematik

STARK

13. ergänzte Auflage
www.stark-verlag.de

Inhalt

* Sie finden dazu einen ausführlichen Hinweis im Kapitel „Hinweise und Tipps zur Zentralen Klausur“ auf Seite II.

Fortsetzung siehe nächste Seite

Zentrale Klausur 2017

Zentrale Klausur 2018

Zentrale Klausur 2019

Zentrale Klausuren 2020 und 2021

Wegen des Corona-Virus fanden 2020 und 2021 keine Zentralen Klausuren am Ende der Einführungsphase statt. Für die beiden Jahre können daher keine Original-Aufgaben abgedruckt werden.

Sobald die Original-Aufgaben der Zentralen Klausur 2022 freigegeben sind, können sie als PDF auf der Plattform MyStark heruntergeladen werden (Zugangscode vgl. Umschlaginnenseite).

Autor

Herbert Kompernaß

Vorwort

Liebe Schülerin, lieber Schüler,

im Laufe der Einführungsphase schreiben Sie im Fach Mathematik insgesamt vier Klausuren. Die letzte von diesen wird vom Schulministerium des Landes Nordrhein-Westfalen **zentral** gestellt. Diese sogenannte Zentrale Klausur am Ende der Einführungsphase findet im Schuljahr 2022/23 voraussichtlich am **31. Mai 2023** statt.

Das Buch enthält die **offiziellen Aufgaben der Jahre 2016 bis 2019** und darüber hinaus einige **Übungsaufgaben** zum eigenständigen Üben und Wiederholen.

Die Klausur besteht aus zwei Teilen:
- einem **hilfsmittelfreien** Teil (Teil I bzw. Prüfungsteil A)
- einer innermathematischen und einer kontextbezogenen Aufgabe **mit Hilfsmitteln** (Teil II bzw. Prüfungsteil B)

Die Prüfungen 2016 bis 2019 zeigen Ihnen den Prüfungsaufbau. Dieser ist auch ausführlich in den Hinweisen auf Seite I beschrieben.

Die Übungsaufgaben in diesem Buch eignen sich bestens zum Vorbereiten auf beide Prüfungsteile.

Zu jeder Aufgabe finden Sie **vollständige** und **ausführlich kommentierte Lösungen**. Sollten Sie einmal nicht weiterkommen, helfen Ihnen **Tipps und Hinweise** auf den richtigen Weg. Schauen Sie deshalb nicht gleich in die Lösungen, sondern nutzen Sie Schritt für Schritt die Lösungstipps.

Sollten nach Erscheinen dieses Bandes wichtige Änderungen in der Zentralen Klausur 2023 vom Landesinstitut für Schule Nordrhein-Westfalen bekannt gegeben werden, finden Sie aktuelle Informationen dazu im Internet auf der Plattform MyStark.

Wir wünschen Ihnen viel Erfolg bei der Zentralen Klausur!

Ihr Stark Verlag

Stichwortverzeichnis 2016–2019

Analysis

Stochastik

Koordinatengeometrie

Hinweise und Tipps zur Zentralen Klausur

1 Ablauf der Prüfung

Die schriftliche Zentrale Klausur

Im Fach Mathematik wird die Zentrale Klausur am Ende der Einführungsphase verpflichtend geschrieben. Die Aufgaben werden im Auftrag des Ministeriums für Schule und Weiterbildung von einer Fachkommission erstellt und von Gutachtern bewertet. Grundlage für die gestellten Aufgaben der Zentralen Klausur sind Inhalte des Lehrplans der Einführungsphase.
Die Zentrale Klausur ersetzt die vierte (sonst von der Fachlehrkraft erstellte) Klausur der Einführungsphase.

Aufbau der Prüfungsaufgaben

Die Zentrale Klausur umfasst 2 Aufgabenteile:

- ein **hilfsmittelfreier** Teil (Teil I bzw. Aufgabenteil A) mit Aufgaben aus den Bereichen Analysis, Stochastik und evtl. Koordinatengeometrie
- eine innermathematische und kontextbezogene Aufgabe **mit Hilfsmitteln** (Teil II bzw. Prüfungsteil B) aus dem Bereich Analysis

Für den hilfsmittelfreien Teil stehen Ihnen maximal 20 Minuten, für den Teil mit Hilfsmitteln mindestens 80 Minuten zur Verfügung, insgesamt auf jeden Fall 100 Minuten. Die Bewertungseinheiten entsprechen den Zeitanteilen.
Zu Beginn der Klausur wird der hilfsmittelfreie Teil bearbeitet. Wenn Sie die Lösung dieses Teils abgeben, erhalten Sie den zweiten Aufgabenteil sowie Ihren Taschenrechner und Ihre Formelsammlung.
Die Prüfung beginnt zur 1. Stunde, unabhängig davon, wann der Unterricht an Ihrer Schule einsetzt.

Zugelassene Hilfsmittel für Prüfungsteil I bzw. A

- Wörterbuch der deutschen Rechtschreibung

Zugelassene Hilfsmittel für Prüfungsteil II bzw. B

- GTR (Grafikfähiger Taschenrechner)
  oder
  CAS (Computer-Algebra-System)
- Mathematische Formelsammlung
- Wörterbuch der deutschen Rechtschreibung

Hilfsmittelfreier Prüfungsteil

Analysis	Beispiele
• Grundlegende Eigenschaften von Potenz- und Exponentialfunktionen	hilfsmittelfreie Übungsaufgaben: 1, 5, 6
• Grundverständnis des Ableitungsbegriffs	hilfsmittelfreie Übungsaufgaben: 3 b , 4 a, 7 d, 8 c Jahrgang 2018 A1 b
• Differenzialrechnung ganzrationaler Funktionen: Untersuchung ganzrationaler Funktionen bis zum Grad drei	Jahrgang 2016 A1

Stochastik	Beispiele
Mehrstufige Zufallsexperimente	Jahrgang 2016 A2 Jahrgang 2019 A2
Bedingte Wahrscheinlichkeiten	Jahrgang 2017 A2 b Jahrgang 2018 A2 b

Prüfungsteil mit Hilfsmitteln

Analysis	Beispiele
• Grundverständnis des Ableitungsbegriffs	Jahrgang 2016 A3 c
• Differenzialrechnung ganzrationaler Funktionen	Jahrgang 2017 A4 b Jahrgang 2019 A4 c(2)

Dem Kernlehrplan entsprechend ist es grundsätzlich auch möglich, dass hilfsmittelfreie Aufgaben zur Koordinatengeometrie in der Zentralen Klausur gestellt werden. Deshalb finden Sie dazu passende Übungsaufgaben in diesem Buch. Seit der Einführung des hilfsmittelfreien Teils im Schuljahr 2014/2015 bestand dieser jedoch ausschließlich aus Aufgaben der Bereiche Analysis und Stochastik. Bitte informieren Sie sich diesbezüglich bei Ihrer Fachlehrkraft sowie unter folgendem Link:
https://www.standardsicherung.schulministerium.nrw.de/cms/zentrale-klausuren-s-ii/faecher/

3 Leistungsanforderung und Bewertung

Die Bewertung der Klausuraufgaben erfolgt auf der Grundlage eines der Aufgabenstellung beigefügten Bewertungsschemas. Darin sind Teilleistungen ausgewiesen, die die mit der jeweiligen Aufgabe verbundenen Anforderungen aufschlüsseln. Von der Modelllösung abweichende Lösungen werden entsprechend bewertet, die für die Aufgabenstellung vorgesehene Höchstpunktzahl kann aber nicht überschritten werden. Ferner können nur ganze Punktzahlen vergeben werden. Ausschlaggebend ist hier die fachliche Richtigkeit und Vollständigkeit.

Ein weiteres wichtiges Bewertungskriterium ist die Darstellungsleistung, in welche der richtige Einsatz der Fachsprache und die Strukturiertheit der Ausführungen einfließen. Die Bewertung der Darstellungsleistung wird in die Bewertung der inhaltlichen Leistungen integriert. Bei gehäuften Verstößen gegen die sprachliche Richtigkeit (Rechtschreibung und Grammatik) kann es im Anschluss an die Bewertung der inhaltlichen Leistungen zu Punktabzug kommen.

Die Korrektur der Zentralen Klausur erfolgt ausschließlich durch die Fachlehrkraft. Es erfolgt keine Zweitkorrektur durch eine weitere Lehrkraft. Die Ergebnisse müssen aber in den Fachkonferenzen beraten werden. Vornoten und mündliche Ausweichprüfungen entfallen. Zudem gibt es eine zentral gestellte Nachschreibeklausur.

4 Operatoren

Bei der Formulierung der Zentralen Klausur werden sogenannte **Operatoren** verwendet, die sicherstellen sollen, dass alle Schülerinnen, Schüler und Lehrerkräfte unter einer bestimmten Aufgabenstellung dasselbe verstehen. Damit Sie die Aufgabenstellungen korrekt erfassen können, ist es sehr zu empfehlen, sich mit diesen Operatoren auseinanderzusetzen. Im Folgenden finden Sie eine vollständige Liste dieser Operatoren:

Operator	**Beschreibung**	**Beispiel**
angeben, nennen	Führen Sie Sachverhalte, Begriffe und Daten ohne genauere Begründungen, Lösungsansätze und -wege auf.	Jahrgang 2018 A3 d
begründen, nachweisen, zeigen	Bestätigen Sie Aussagen oder Sachverhalte durch logisches Schließen. Stellen Sie das Vorgehen dar. Die Art des Vorgehens dürfen Sie – sofern nicht durch einen Zusatz anders angegeben – frei wählen (z. B. Anwenden rechnerischer oder grafischer Verfahren).	Jahrgang 2018 A1 b
berechnen	Sie sollen die Ergebnisse durch Rechenoperationen erzielen, indem Sie von einem Ansatz ausgehen.	Jahrgang 2016 A2 b(1)
beschreiben	Hier sollen Sie Sachverhalte oder Methoden in eigenen Worten und angemessener Fachsprache darstellen. Eine Begründung für die Beschreibung ist nicht notwendig.	–
bestimmen, ermitteln	Sie sollen Lösungswege und Zusammenhänge finden und anwenden, sodass Sie das Ergebnis anschließend angeben können. Stellen Sie das Vorgehen dar. Die Art des Vorgehens dürfen Sie – sofern nicht durch einen Zusatz anders angegeben – frei wählen (z. B. Anwenden rechnerischer oder grafischer Verfahren).	Jahrgang 2017 A4 b
beurteilen	Fällen Sie unter Verwendung von Fachwissen ein eigenes Urteil und erläutern Sie dieses.	Jahrgang 2017 A4 d(1)

deuten, interpretieren	Durch die Deutung bzw. Interpretation sollen Sie z. B. zwischen einer grafischen Darstellung, einem Term oder dem Ergebnis einer Rechnung und einem vorgegebenen Sachzusammenhang einen Zusammenhang herstellen.	Jahrgang 2016 A4 d(2)
entscheiden	Sie sollen sich bei Alternativen für eine entscheiden. Eine Begründung ist nicht notwendig.	Jahrgang 2018 A1 b
erläutern	Liefern Sie Informationen, mithilfe derer sich z. B. das Zustandekommen einer grafischen Darstellung oder ein mathematisches Vorgehen nachvollziehen lassen.	–
skizzieren	Stellen Sie die wesentlichen Merkmale von Sachverhalten grafisch dar.	Jahrgang 2016 A4 e(1)
untersuchen	Sie sollen Probleme und Fragestellungen auf bestimmte Kriterien hin behandeln. Die Art des Vorgehens dürfen Sie – sofern nicht durch einen Zusatz anders angegeben – frei wählen (z. B. Anwenden rechnerischer oder grafischer Verfahren).	Jahrgang 2016 A1
zeichnen, grafisch darstellen	Sie sollen ein hinreichend genaues Abbild von Objekten oder Daten erstellen.	Jahrgang 2018 A3 c(1)

Die Verwendung eines Operators, der in der Übersicht nicht genannt wird, ist möglich, wenn aufgrund der standardsprachlichen Bedeutung dieses Operators in Verbindung mit der Aufgabenstellung davon auszugehen ist, dass die jeweilige Aufgabe im Sinne der Aufgabenstellung bearbeitet werden kann.

Grundsätzlich können sich alle Operatoren auf alle drei Anforderungsbereiche I, II und III beziehen.

Die Operatoren können durch Zusätze (z. B. „rechnerisch" oder „grafisch") konkretisiert werden. Zugelassene Hilfsmittel dürfen zur Bearbeitung verwendet werden, sofern dem kein entsprechender Zusatz entgegensteht. Speziell kann bei der Verfügbarkeit von digitalen Mathematikwerkzeugen (GTR oder CAS) im Einzelfall die Darstellung eines Lösungswegs gefordert werden, der auch ohne den Einsatz dieser Technologien nachvollziehbar ist.

Vorbereitung

- Bereiten Sie sich **längerfristig** auf die Zentrale Klausur vor und fertigen Sie sich eine Übersicht über die von Ihnen bereits bearbeiteten Themen, Inhalte und Verfahren an.
  Es ist zweckmäßig, alle schriftlichen Bearbeitungen dieser Aufgaben übersichtlich aufzubewahren, das erleichtert spätere Wiederholungen.
- Benutzen Sie zur Prüfungsvorbereitung neben diesem Übungsbuch Ihre **Unterrichtsaufzeichnungen** und das Lehrbuch.
- Verwenden Sie während der Prüfungsvorbereitung grundsätzlich die **Hilfsmittel**, die auch in der Prüfung zugelassen sind. Prägen Sie sich wichtige Seiten in Ihrer Formelsammlung ein und nutzen Sie Ihren Taschenrechner mit allen Funktionen.
- Oft ist der Zeitfaktor ein großes Problem. Testen Sie, ob Sie eine Beispielklausuraufgabe in der dafür vorgegebenen Zeit allein lösen können. **Simulieren Sie selbst eine Prüfungssituation.**
- Gehen Sie optimistisch in die Prüfung. Wer sich gut vorbereitet hat, braucht sich keine Sorgen zu machen.

Bearbeitung der Prüfung

- Es ist hilfreich, wenn Sie bei der Analyse der Aufgabenstellungen wichtige Angaben oder Informationen (z. B. gegebene Größen, Lösungshinweise) **farbig markieren**.
- Um den Lösungsansatz zu einer Aufgabe zu finden oder die gegebene Problemstellung zu veranschaulichen, kann das **Anfertigen einer Skizze** nützlich sein.
- Beachten Sie, dass in manchen Teilaufgaben „**Zwischenlösungen**“ angegeben sind, die Ihnen als Kontrolle dienen bzw. mit denen Sie weiterarbeiten können.
- Falls Sie mit einer Aufgabe gar nicht weiterkommen, so halten Sie sich nicht zu lange damit auf. Versuchen Sie, mit der nächsten Teilaufgabe weiterzumachen. Wenn Sie die anderen Aufgaben bearbeitet haben, kommen Sie nochmals auf die angefangene Aufgabe zurück und versuchen Sie in Ruhe, eine Lösung zu finden.
- Orientieren Sie sich an der angegebenen **Punktezahl**: Je mehr Punkte eine Aufgabe ergibt, desto mehr Zeit sollte für die Bearbeitung eingeplant werden.
- Achten Sie auf die **sprachliche Richtigkeit** und eine **saubere äußere Form** Ihrer Lösungen.

Lösungsplan

Beim Lösen der Aufgaben empfiehlt es sich stets, systematisch zu arbeiten. Folgende Vorgehensweise hilft Ihnen dabei:

Schritt 1:
Nehmen Sie sich ausreichend Zeit zum **Analysieren** der Aufgabenstellung. Stellen Sie fest, um was es in der Aufgabe geht. Sammeln Sie alle Informationen, welche direkt gegeben sind, und achten Sie darauf, ob eventuell versteckte Informationen enthalten sind.

Schritt 2:
Markieren Sie die **Operatoren** in der Aufgabenstellung. Diese geben an, was in der Aufgabe von Ihnen verlangt wird. Vergegenwärtigen Sie sich die Bedeutung der verwendeten Fachbegriffe.

Schritt 3:
Versuchen Sie, den Sachverhalt zu veranschaulichen. Fertigen Sie gegebenenfalls mithilfe der Angaben und Zwischenergebnisse aus vorherigen Teilaufgaben eine **Skizze** an.

Schritt 4:
Erarbeiten Sie nun schrittweise den **Lösungsplan**, um aus den gegebenen Größen die gesuchte Größe zu erhalten. Notieren Sie sich, welche Einzel- bzw. Zwischenschritte auf dem Lösungsweg notwendig sind. Prinzipiell haben Sie zwei Möglichkeiten, oft hilft auch eine Kombination beider Vorgehensweisen:

- Sie gehen vom Gegebenen aus und versuchen, das Gesuchte zu erschließen.
- Sie gehen von dem Gesuchten aus und überlegen „rückwärts", wie Sie zur Ausgangssituation kommen.

Bei diesem Schritt wird dann sukzessive die **Lösung dargestellt**.

Schritt 5:
Suchen Sie nach geeigneten Möglichkeiten, das Endergebnis zu **kontrollieren**. Oftmals sind bereits Überschlagsrechnungen, Punktproben oder Grobskizzen ausreichend.

Anhand der folgenden **Beispielaufgabe** werden diese Schritte veranschaulicht:
Gegeben ist die Funktion f durch die Gleichung $f(x) = x^3 + 4x^2$. Der Graph von f sei G_f.

a) Untersuchen Sie G_f auf Extrempunkte.

b) Zeigen Sie rechnerisch: Die Funktion f besitzt eine doppelte Nullstelle.

Lösungsvorschlag für Teilaufgabe a:

Schritt 1:

- Thema: Untersuchung ganzrationaler Funktionen auf Hoch- und Tiefpunkte
- Der Definitionsbereich ist nicht angegeben, daher wird ℝ als der größtmögliche angenommen.

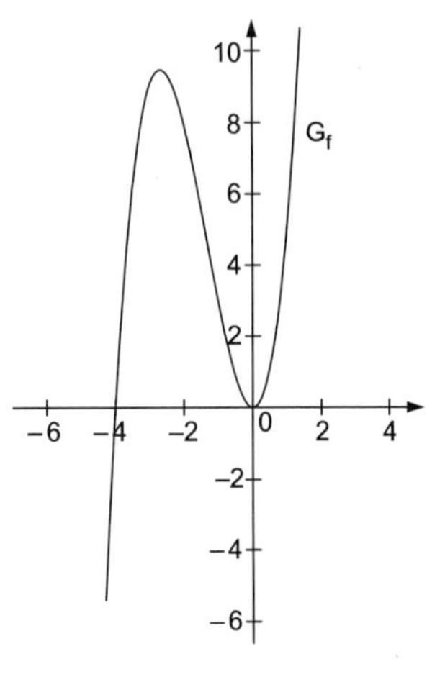

Schritt 2:

- Der Operator „Untersuchen Sie" bedeutet, mögliche Eigenschaften festzustellen und anzugeben.
- Unter Extrempunkten versteht man Hoch- oder Tiefpunkte.

Schritt 3:
Eine Veranschaulichung kann mit einem grafikfähigen Taschenrechner oder nach Erstellen einer Wertetabelle vorgenommen werden.

Schritt 4:
Ausgehend von der gegebenen Funktion werden mögliche Extremstellen berechnet und damit Art und Lage der Extrempunkte bestimmt.

- f ist ein Polynom und lässt sich leicht ableiten (Summenregel, Potenzregel):
$$f'(x) = 3x^2 + 8x$$
Die Nullstellen der Ableitung sind mögliche Extremstellen:
$$3x^2 + 8x = x \cdot (3x+8) = 0 \;\Leftrightarrow\; x = 0 \vee x = -\frac{8}{3}$$
- Ob tatsächlich Extremstellen vorliegen, lässt sich mithilfe des Vorzeichenwechselkriteriums überprüfen:
$$f'(-0{,}1) = 3 \cdot (-0{,}1)^2 + 8 \cdot (-0{,}1) = -0{,}77$$
$$f'(0{,}1) = 3 \cdot (0{,}1)^2 + 8 \cdot 0{,}1 = 0{,}83$$
Die 1. Ableitungsfunktion f' hat an der Stelle $x=0$ einen „–/+“-Vorzeichenwechsel. Es liegt also bei $x=0$ ein Minimum vor.
$$f'(-2{,}7) = 3 \cdot (-2{,}7)^2 + 8 \cdot (-2{,}7) = 0{,}27$$
$$f'(-2{,}6) = 3 \cdot (-2{,}6)^2 + 8 \cdot (-2{,}6) = -0{,}52$$
Die 1. Ableitungsfunktion f' hat an der Stelle $x = -\frac{8}{3}$ einen „+/–“-Vorzeichenwechsel. Bei $x = -\frac{8}{3}$ liegt ein Maximum vor.
- Um die Lage angeben zu können, braucht man noch die y-Koordinate. Dazu werden die Extremstellen in den Funktionsterm f eingesetzt:
$$f(0) = 0$$
$$f\left(-\frac{8}{3}\right) = \left(-\frac{8}{3}\right)^3 + 4\left(-\frac{8}{3}\right)^2 = -\frac{512}{27} + \frac{4 \cdot 64}{9} = \frac{256}{27}$$
- Ergebnis:
Tiefpunkt $(0|0)$ und Hochpunkt $\left(-\frac{8}{3} \,\middle|\, \frac{256}{27}\right)$

Schritt 5:
Um das Ergebnis zu überprüfen, kann man die in Schritt 3 skizzierte Funktion mit den berechneten Hoch- und Tiefpunkten vergleichen.

Lösungsvorschlag für Teilaufgabe b:
Schritt 1:
- Themenbereich: Untersuchung ganzrationaler Funktionen auf Nullstellen
- Machen Sie sich klar, was „doppelte Nullstelle“ bedeutet. In einer doppelten Nullstelle berührt der Graph der Funktion die x-Achse.

Schritt 2:
- Der Operator ist „Zeigen Sie“, was bedeutet, dass Sie die Aussage mithilfe von Berechnungen bestätigen sollen. Die Funktion ist gegeben.

Schritt 3:
- Betrachten Sie Ihre Skizze aus Teilaufgabe a. Bei $x=0$ berührt die Funktion die x-Achse. Dies ist die gesuchte doppelte Nullstelle.

Schritt 4: Vom Gegebenen zum Gesuchten

- In den Nullstellen ist der Funktionswert 0.
- Um die Nullstellen zu berechnen, muss x^2 ausgeklammert werden:

  $f(x) = x^3 + 4x^2 = x^2 \cdot (x+4)$
- Nun kann an der Funktionsgleichung direkt abgelesen werden, dass es sich bei $x = 0$ um eine doppelte Nullstelle handelt.

Schritt 5:

Ein Vergleich mit der Skizze sollte dasselbe Ergebnis liefern.

6 Hinweise zum Lösen mit dem GTR bzw. CAS

Die folgenden Hinweise haben für alle GTR- bzw. CAS-Systeme Gültigkeit, sodass Sie die Hinweise auf das von Ihnen verwendete System übertragen können.

Vor der Prüfung

- Vor Beginn der Prüfung sind die GTR- bzw. CAS-Geräte in einen einheitlichen Ausgangszustand zu versetzen. Ihre Schule hat dazu spezielle (systemabhängige) Anweisungen. Es kann sein, dass Ihr System in einen Prüfungsmodus versetzt wird – ebenso ist es denkbar, dass der Speicher vollständig gelöscht wird. Wenn Sie auf Ihrem System Dateien gespeichert haben, die Sie später wieder benötigen, sollten Sie vorher zu Hause ein Backup durchführen.
- Machen Sie sich rechtzeitig mit Hilfesystemen Ihres Geräts vertraut. So gibt es z. B. die Möglichkeit, zu einzelnen Befehlen eine kleine Syntax-Erklärung anzeigen zu lassen. Das kann bei Unsicherheiten während der Prüfung hilfreich sein.
- CAS rechnen (nach Möglichkeit) exakt. Machen Sie sich damit vertraut, wie Sie bewusst Näherungslösungen erzwingen können.
- Entwickeln Sie eine eigene Systematik für die Vergabe von Variablen und Bezeichnungen. Beispiele:
  - „f(x)" für den Funktionsterm,
  - „a(x)" für den Term der ersten Ableitung,
  - „gg(x)", „gh(x)" für die Gerade g bzw. die Gerade h
  - …

Während der Prüfung

- Wenn Ihr Gerät ein Dokumentenmanagement besitzt, sollten Sie sich angewöhnen, für zumindest jede größere Aufgabenstellung ein eigenes Dokument zu verwenden. Das hat den Vorteil, dass in einem neuen Dokument der Variablenspeicher zurückgesetzt wird und Sie daher jeden Variablennamen im Dokument nutzen können. Zudem können Sie dadurch Fehler durch unwissentliches Übernehmen von Variablen, die bereits mit Werten belegt sind, vermeiden. Wenn Sie im weiteren Verlauf der Prüfung an einer anderen Aufgabe arbeiten, können Sie das zugehörige Dokument öffnen und müssen nicht alle Variablen und Funktionen neu definieren.
- Es ist zweckmäßig, Namen von Funktionen so zu wählen, wie sie in der Aufgabenstellung vorgegeben werden. Achten Sie darauf, dass Sie den gleichen Namen

nicht mehrfach vergeben und dadurch die definierten Werte oder Terme überschreiben. Manche Geräte jedoch können nur mit der Variablen x umgehen, nennen Sie daher bei der Eingabe im Rechner z. B. das t in f(t) entsprechend in x als f(x) um.

- Sollte ein unerwartetes Ergebnis auftreten, überprüfen Sie immer Ihre Eingabe. So kann es sein, dass z. B. der Term „$ab - a \cdot b$" von Ihrem Gerät vereinfacht wird, weil Sie im ersten Teil vergessen haben, das Multiplikationszeichen einzugeben und Ihr Gerät nun dies als eigenständige Variable „ab" interpretiert.
- Machen Sie sich stets die vorliegende Situation klar und prüfen Sie die von Ihrem Gerät erhaltenen Ergebnisse auf Plausibilität. Vertrauen Sie Ihrem Gerät nicht blind.
- Vergessen Sie nicht, dass Sie mit einem GTR bzw. CAS schnell z. B. Funktionsgraphen erhalten. Das kann Überlegungen unterstützen, wie z. B. die Frage nach Extrempunkten oder Steigungsverhalten.
- Beachten Sie die Formulierung von Aufgabenstellungen. Manchmal werden Anforderungen an die Dokumentation von Lösungen gestellt.

Zur Dokumentation von Lösungen

- Dokumentieren Sie Ihre Lösungen nachvollziehbar.
- Wenn Sie Ihr Gerät nutzen, machen Sie dies kenntlich.
  Beispiel: Sie lösen die Gleichung $3x^3 - 2x^2 + 2 = 1$ und dokumentieren:

  $3x^3 - 2x^2 + 2 = 1$
  CAS: $x \approx -0{,}528$

- Kommt in der Aufgabenstellung der Hinweis „mithilfe eines rechnerischen Ansatzes" oder „ausgehend von einem mathematischen Ansatz" vor, so bedeutet dies, dass in der Lösung der Rechenweg angegeben werden soll. Die Ermittlung der Lösung z. B. durch ein Abtasten des Graphen oder die Angabe des entsprechenden Rechnerbefehls reichen nicht aus.
- Kommt in der Aufgabenstellung das Wort „exakt" vor, so reicht eine Lösung mit dem GTR nicht aus. Ein GTR liefert meistens nur Näherungslösungen.

Übungsaufgaben Analysis
– hilfsmittelfrei –

Aufgabe 1

Der Graph der Funktion

$f(x) = -0{,}5x^3 + 1{,}5x^2 + 4{,}5x - 3{,}5$

hat im Punkt T(–1 | –6) einen relativen (lokalen) Tiefpunkt und im Punkt H(3 | 10) einen relativen (lokalen) Hochpunkt.

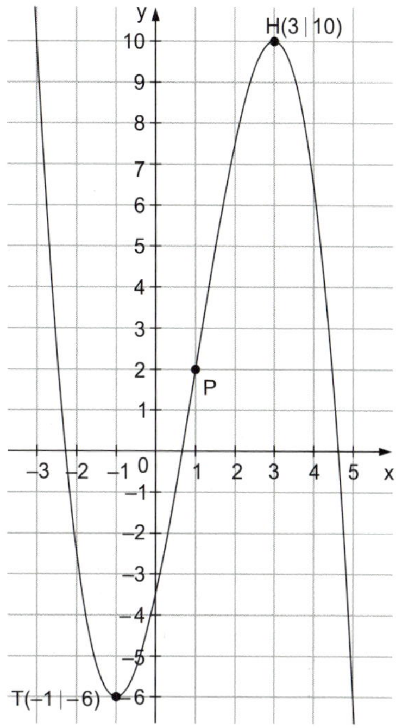

a) Bestimmen Sie die Gleichung der Tangente an den Graphen der Funktion f im Punkt P(1 | f(1)).

b) Begründen Sie, dass von allen Tangenten an den Graphen der Funktion f die Tangente im Punkt P diejenige Tangente ist, die die maximale Steigung hat. Es darf ausschließlich die 1. Ableitungsfunktion benutzt werden.

Aufgabe 2

Gegeben ist die Funktion

$f(x) = \frac{1}{8}x^3 - \frac{5}{4}x^2 + \frac{1}{2}x + 7 = \frac{1}{8} \cdot (x+2) \cdot (x^2 - 12x + 28).$

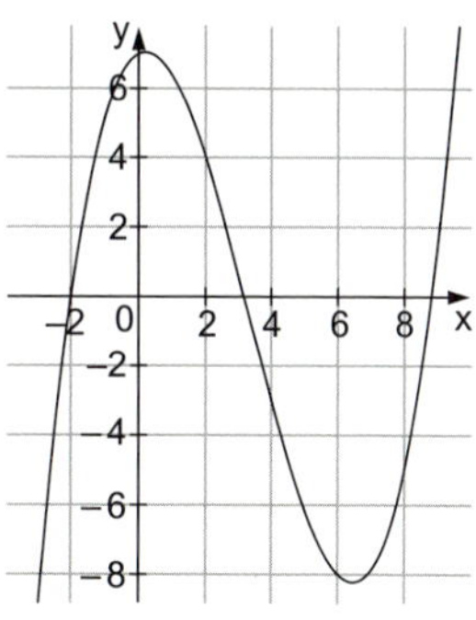

a) Weisen Sie rechnerisch nach, dass die Funktion f die Nullstelle x = –2 hat.

b) Bestimmen Sie die anderen Nullstellen von f.

c) Bestimmen Sie die Gleichung der Tangente im Punkt N(–2 | 0).

d) Es sei $g_a(x) = f(x + a)$. Bestimmen Sie a so, dass alle Nullstellen der Funktion g im nichtnegativen Teil der x-Achse liegen. (Der Funktionsterm muss nicht ausgerechnet werden.)

Aufgabe 3

Abb. 1 zeigt einen Ausschnitt des Graphen der Funktion $f(x) = 0{,}5x^3 - x^2 - 3x + 2$.

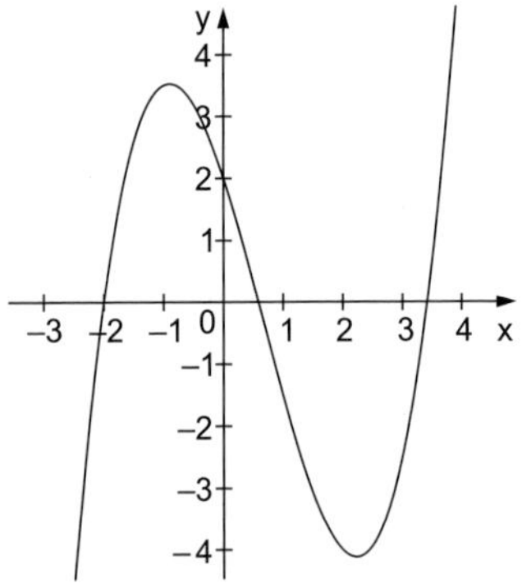

Abbildung 1

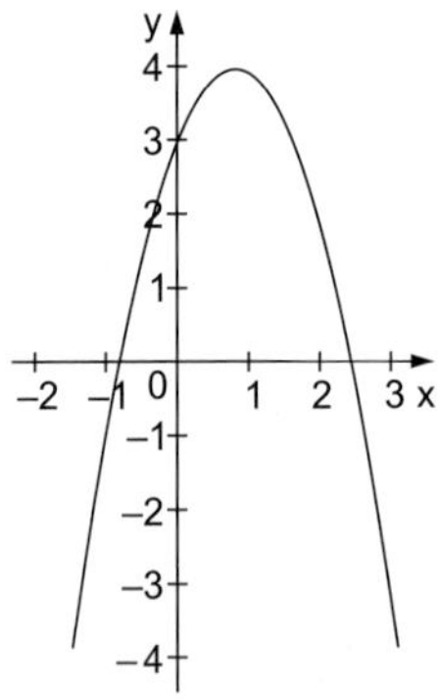

Abbildung 2

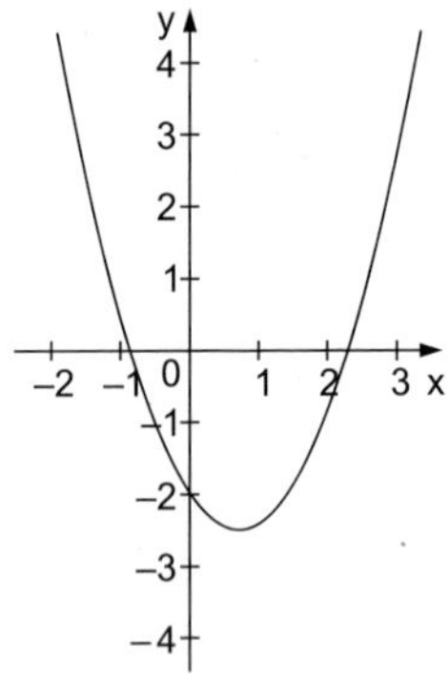

Abbildung 3

a) Bestimmen Sie die Gleichung der Tangente an den Graphen der Funktion im Schnittpunkt mit der y-Achse.

b) Begründen Sie ohne die Berechnung von f'(x), dass keiner der in den Abbildungen 2 und 3 dargestellten Graphen der Graph der 1. Ableitungsfunktion der Funktion f sein kann.

Aufgabe 4

a) Die nebenstehende Abbildung zeigt den Graphen der 1. Ableitungsfunktion f' der Funktion f. Machen Sie Aussagen über die Funktion f hinsichtlich
   - Monotonie,
   - Extremstellen,
   - Verhalten für betragsgroße x,

   die sich aus dem Verlauf des Graphen der Funktion f' ergeben, und begründen Sie Ihre Aussagen.

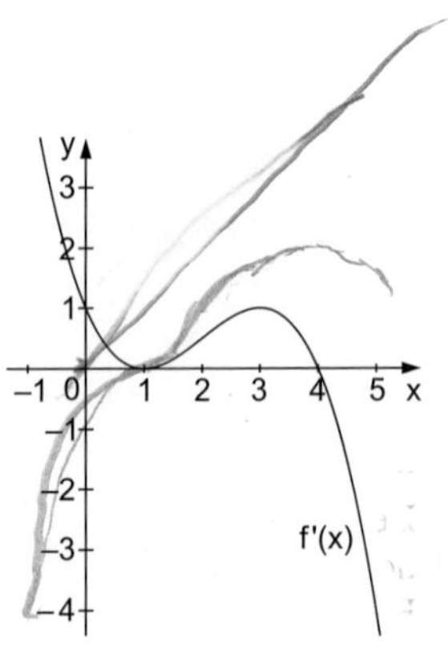

b) Die Punkte P(0 | 0) und Q(4 | 4) liegen auf dem Graphen der Funktion f. Geben Sie begründet an, in wie vielen Punkten der Graph der Funktion f die gleiche Steigung hat wie die Gerade durch die Punkte P und Q. Geben Sie die Stellen, an denen die gleiche Steigung auftritt, ungefähr an.

Aufgabe 5

a) Bei der Beobachtung einer Bakterienkultur zeigt sich, dass sich die Anzahl der Bakterien alle 5 Stunden verdoppelt. Zu Beginn der Beobachtung sind 1 200 Bakterien vorhanden.
Bestimmen Sie eine Exponentialfunktion f(t), die die Anzahl der Bakterien abhängig von der Zeit (in Stunden) angibt. Bestimmen Sie die Anzahl der Bakterien 5 Stunden vor Beobachtungsbeginn.

b) Der unten abgebildete Graph ist der Graph einer Exponentialfunktion. Überprüfen Sie, ob der Graph zu einer der Aussagen (i) bis (iv) gehört, und begründen Sie Ihre Entscheidung.

(i) $f(x) = 2^x - 1$

(ii) $f(x) = 2^{x-1}$

(iii) $f(x) = \left(\frac{1}{2}\right)^x - 1$

(iv) Der Graph wird durch keinen der angegebenen Funktionsterme beschrieben.

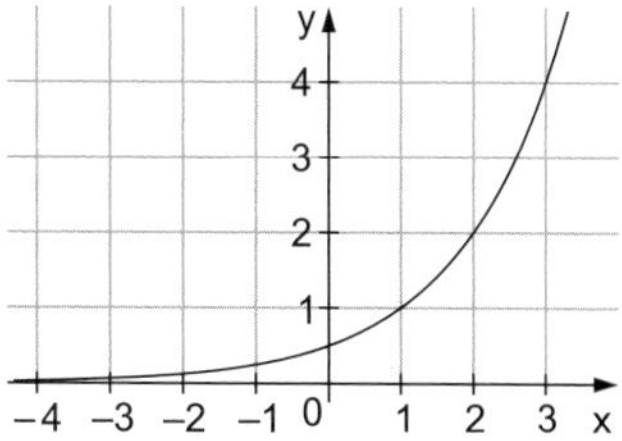

Aufgabe 6

a) Die Graphen der Funktionen $g(x) = \sin(x+2)$ und $h(x) = -\sin(x) - 1$ sollen aus dem Graphen der Funktion $f(x) = \sin(x)$ gewonnen werden. Geben Sie an, welche Operationen hierfür notwendig sind.

b) Die nebenstehende Abbildung zeigt einen Ausschnitt des Graphen einer allgemeinen Sinusfunktion $f(x) = a \cdot \sin(b \cdot (x - c)) + d$. Bestimmen Sie die Parameter a, b, c und d.

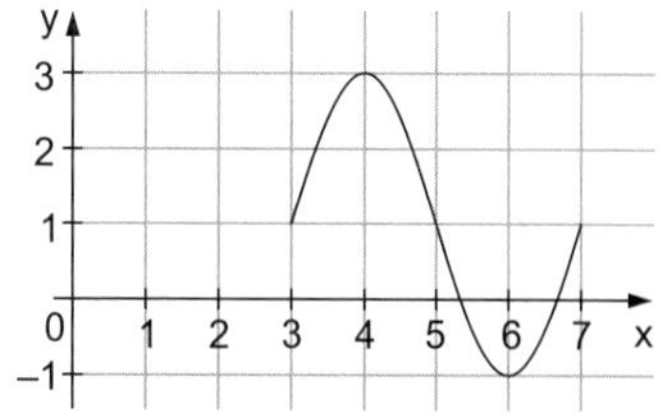

Aufgabe 7

Der Graph zeigt die Tauchtiefe h eines Tauchgangs als Funktion der Zeit t (t in min, h in m).

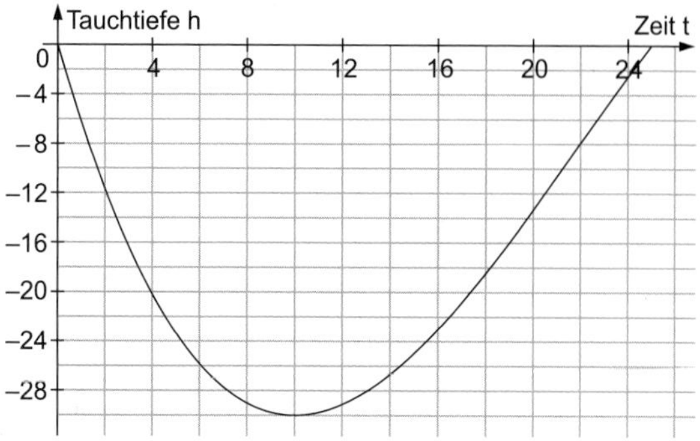

a) Geben Sie mit Begründung an, wie lange der Tauchgang gedauert hat und welche maximale Tauchtiefe erreicht wurde.

b) Berechnen Sie die mittlere Abtauchgeschwindigkeit.

c) Bestimmen Sie näherungsweise den Zeitpunkt, zu dem die Abtauchgeschwindigkeit am größten war, und geben Sie diese ebenfalls näherungsweise an. Benutzen Sie hierzu obige Abbildung.

d) Skizzieren Sie den Graphen der Ableitungsfunktion h' in der nachfolgenden Abbildung.

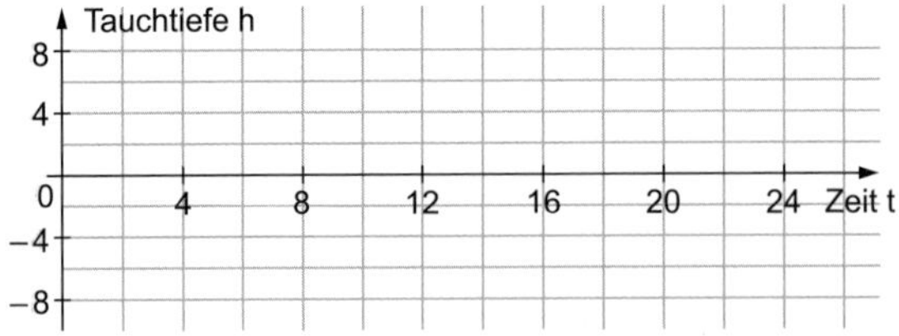

Aufgabe 8

Der nachfolgende Graph gehört zur Funktion $f(x) = -\frac{1}{9}x^3 + \frac{1}{6}x^2 + \frac{35}{12}x$.

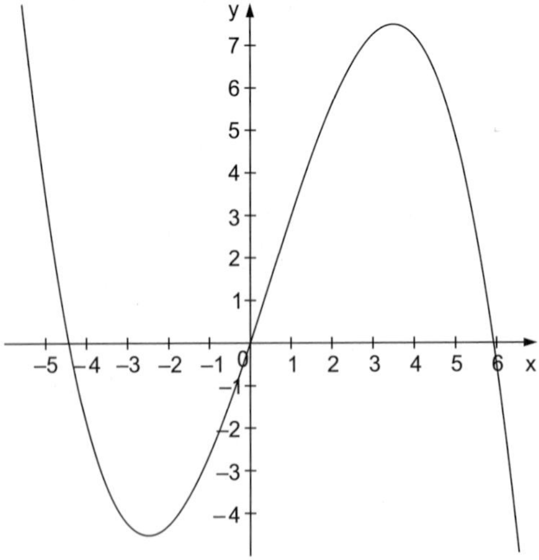

a) Bestimmen Sie rechnerisch die Extremstellen der Funktion f.

b) Im Punkt W(0,5 | f(0,5)) ist die Steigung des Graphen am größten. Bestimmen Sie die Gleichung der Tangente an den Graphen der Funktion im Punkt W.

c) Zeichnen Sie den Graphen der Ableitungsfunktion f' in die obige Abbildung. Begründen Sie den Verlauf anhand besonderer Punkte.

Hinweise und Tipps

Aufgabe 1a

- Die Gleichung der Tangente hat die Form $y = mx + b$.
- Die Steigung der Tangente ist gleich der Steigung des Graphen von f bei $x = 1$.
- Bestimmen Sie die 1. Ableitung von f mit der Potenz- bzw. Summenregel sowie f(1).
- Bestimmen Sie den y-Achsenabschnitt der Tangente durch Einsetzen bekannter Werte in die allgemeine Form der Geradengleichung $y = mx + b$.

Aufgabe 1b

- Bestimmen Sie, welchen Grad der Funktionsterm der 1. Ableitung von f hat.
- Argumentieren Sie entweder über die Scheitelpunktform oder über die Lage des Scheitels in Bezug auf die Nullstellen der Funktion.

Aufgabe 2a

- Ein Produkt ist null, wenn wenigstens ein Faktor null ist.

Aufgabe 2b

- Betrachten Sie den zweiten angegebenen Funktionsterm.
- Setzen Sie den Funktionsterm null und lösen Sie die entstehende quadratische Gleichung z. B. mit der p-q-Formel.

Aufgabe 2c

- Die Gleichung der Tangente hat die Form $y = mx + b$.
- Die Steigung der Tangente ist gleich der Steigung des Graphen von f bei $x = -2$.
- Bestimmen Sie den y-Achsenabschnitt der Tangente durch Einsetzen bekannter Werte in die allgemeine Form der Geradengleichung $y = mx + b$.

Aufgabe 2d

- Sie haben die Nullstellen bereits in Aufgabenteil b bestimmt.
- Sie müssen die kleinste Nullstelle so weit nach rechts verschieben, bis sie im nichtnegativen Teil der x-Achse liegt.
- Für $a < 0$ erfolgt eine Verschiebung nach rechts.

Aufgabe 3a

- Die Gleichung der Tangente hat die Form $y = mx + b$.
- Die Steigung der Tangente ist gleich der Steigung des Graphen der Funktion an der Stelle $x = 0$.
- Der y-Achsenabschnitt der Tangente ist mit f(0) gegeben.

Aufgabe 3b

- In Aufgabenteil a haben Sie die Steigung des Graphen an der Stelle $x = 0$ bestimmt.

- Vergleichen Sie diesen Wert mit den y-Werten bei $x = 0$ in den Abbildungen 2 und 3.
- Sie können bei Abbildung 2 auch mit Extremstellen und Vorzeichenwechsel argumentieren.

Aufgabe 4a

- Die Ableitungsfunktion gibt die Steigung des Graphen der Funktion an.
- Der Graph einer Funktion ist streng monoton steigend, wenn die Funktionswerte der Ableitungsfunktion positiv sind, er ist streng monoton fallend, wenn sie negativ sind.
- In den Extrempunkten hat der Graph die Steigung null und es kommt zu einer Änderung des Steigungsverhaltens.
- Schließen Sie aus der Monotonie und aus der Extremstelle auf das Verhalten für betragsgroße x.

Aufgabe 4b

- Berechnen Sie die Steigung der Geraden.
- Zeichnen Sie eine Parallele zur x-Achse im Abstand der Steigung der Geraden.
- Leiten Sie hieraus die Punkte von f her, an denen die Funktion die gleiche Steigung hat wie die Gerade.

Aufgabe 5a

- Die allgemeine Exponentialfunktion $f(t) = c \cdot a^t$ ist durch 2 Punkte festgelegt (2 Parameter erfordern 2 Gleichungen).
- Bestimmen Sie aus den Vorgaben 2 Punkte der gesuchten Exponentialfunktion.
- Bestimmen Sie durch Einsetzen der Koordinaten der beiden Punkte die Parameter a und c der gesuchten Exponentialfunktion.
- Beachten Sie, dass sich die Kultur alle 5 Stunden verdoppelt.

Aufgabe 5b

- Die allgemeine Exponentialfunktion $f(x) = c \cdot a^x$ ist durch 2 Punkte festgelegt.
- Lesen Sie geeignete Punkte des Graphen der Funktion ab und überprüfen Sie, ob die Koordinaten dieser Punkte die Funktionsgleichung erfüllen.

Aufgabe 6a

- Der Graph der Funktion $f(x - c)$ entsteht aus dem Graphen der Funktion $f(x)$ durch Verschiebung um $|c|$ Längeneinheiten in Richtung der x-Achse ($c > 0$ – Verschiebung nach rechts; $c < 0$ – Verschiebung nach links).
- Der Graph der Funktion $f(x) + c$ entsteht aus dem Graphen der Funktion $f(x)$ durch Verschiebung um $|c|$ Längeneinheiten in Richtung der y-Achse ($c > 0$ – Verschiebung nach oben; $c < 0$ – Verschiebung nach unten).
- Der Graph der Funktion $a \cdot f(x)$ entsteht aus dem Graphen der Funktion $f(x)$ durch vertikale Streckung bzw. Stauchung mit dem Faktor $|a|$. Ist $a < 0$, so findet zusätzlich noch eine Spiegelung an der x-Achse statt.

Aufgabe 6 b

- Lesen Sie die Amplitude, die Periode sowie die Verschiebung in Richtung der x- bzw. y-Achse aus dem vorgegebenen Graphen ab.
- In der allgemeinen Sinusfunktion $f(x) = a \cdot \sin(b \cdot (x - c)) + d$ gibt der Parameter a die Amplitude, c die Verschiebung in Richtung der x-Achse und d die Verschiebung in Richtung der y-Achse an.
- Die Länge der Periode beträgt $\frac{2\pi}{b}$.

Aufgabe 7 a

- Beachten Sie, in welchem Bereich Funktionswerte vorliegen.
- Lesen Sie aus der Abbildung die maximale Tauchtiefe ab.

Aufgabe 7 b

- Die mittlere Änderungsrate berechnet sich nach der Formel: $\frac{h(a) - h(b)}{a - b}$
- Beachten Sie die Lösungen von Aufgabenteil a.

Aufgabe 7 c

- Die Steigung des Graphen im Punkt P entspricht der Steigung der Tangente an den Graphen im Punkt P.
- Bestimmen Sie mit einem Geodreieck/Lineal den Punkt des Graphen mit der größten Steigung und zeichnen Sie die Tangente.
- Bestimmen Sie auf der Tangente einen weiteren Punkt und mithilfe der beiden Punkte die Steigung.

Aufgabe 7 d

- Fällt der Graph der Funktion h (die Tauchtiefe wird größer), so liegt der Graph der Funktion h' im negativen Bereich, steigt der Graph der Funktion h (die Tauchtiefe wird kleiner), so liegt der Graph der Funktion h' im positiven Bereich.

Aufgabe 8 a

- Die notwendige Bedingung für Extremstellen ist $f'(x) = 0$.
- Bestimmen Sie die Ableitung mithilfe der Faktor-, Summen- und Potenzregel.
- Beachten Sie die hinreichende Bedingung für Extremstellen.

Aufgabe 8 b

- Die Steigung der Tangente an den Graphen einer Funktion f im Punkt P ist gleich der Steigung des Graphen im Punkt P.
- Bestimmen Sie die Steigung und den Funktionswert an der Stelle $x = 0{,}5 = \frac{1}{2}$.
- Benutzen Sie die allgemeine Form der Geradengleichung: $y = mx + b$

Aufgabe 8 c

- Bei der Ableitung einer ganzrationalen Funktion verringert der Grad um 1.

Lösung

Aufgabe 1

a) Bildet man mit der Potenzregel und der Summen-/Differenzregel die 1. Ableitungsfunktion, so erhält man:

$f'(x) = -1{,}5x^2 + 3x + 4{,}5$

Der Funktionswert an der Stelle 1 ist:

$f(1) = -0{,}5 + 1{,}5 + 4{,}5 - 3{,}5 = 2$

Die Steigung m der Tangente im Punkt P ist gleich der Steigung des Graphen im Punkt P. Durch Einsetzen des Arguments 1 in die 1. Ableitungsfunktion erhält man die Steigung des Graphen im Punkt P.

$m = f'(1) = -1{,}5 + 3 + 4{,}5 = 6$

Einsetzen der Koordinaten des Punktes P und der Steigung m in die allgemeine Form der Geradengleichung $y = mx + b$ ergibt:

$2 = 6 \cdot 1 + b$
$b = -4$

Die Tangente an den Graphen der Funktion f im Punkt $P(1\,|\,2)$ hat die Gleichung $y = 6x - 4$.

b) Die 1. Ableitungsfunktion ist eine ganzrationale Funktion 2. Grades (Parabel) mit den Nullstellen –1 und 3. Die Parabel ist aufgrund des Koeffizienten vor x^2 nach unten geöffnet, sie nimmt somit im Scheitelpunkt ihr Maximum an.

Alternative Begründung: Die Funktion f hat an der Stelle $x = -1$ eine Minimumstelle, der Graph der 1. Ableitungsfunktion somit einen „–/+"-Vorzeichenwechsel, und an der Stelle $x = 3$ eine Maximumstelle, der Graph der 1. Ableitungsfunktion einen „+/–"-Vorzeichenwechsel. Die Parabel ist somit nach unten geöffnet.

Die Parabel ist symmetrisch zu einer Geraden $x = a$, die durch den Scheitelpunkt verläuft. Diese Gerade verläuft in der Mitte zwischen den Nullstellen, also durch $x = 1$. Von allen Tangenten an den Graphen der Funktion f hat die Tangente im Punkt $P(1\,|\,2)$ die maximale Steigung.

Alternativ: Scheitelpunktform der 1. Ableitung

$$f'(x) = -1{,}5x^2 + 3x + 4{,}5 = -1{,}5 \cdot (x^2 - 2x - 3)$$
$$= -1{,}5 \cdot (x^2 - 2x + 1 - 1 - 3) = -1{,}5 \cdot (x-1)^2 + 6$$

Die nach unten geöffnete Parabel hat den Scheitelpunkt $S(1\,|\,6)$. Sie nimmt an der Stelle $x = 1$ ihr Maximum an (mit dem Wert 6).
Von allen Tangenten an den Graphen der Funktion f hat die Tangente im Punkt $P(1\,|\,2)$ die maximale Steigung.

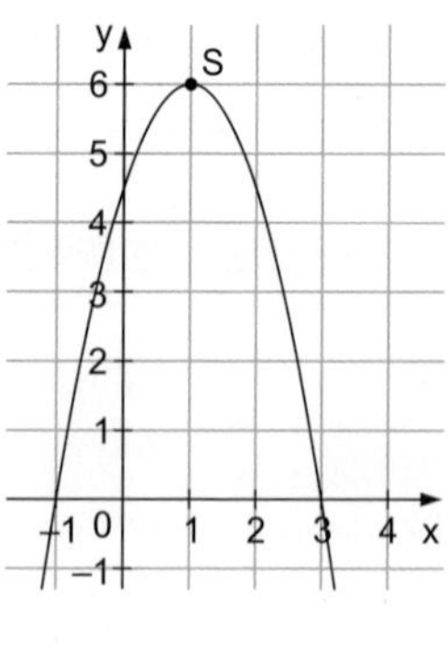

Aufgabe 2

a) Ein Produkt wird null, wenn wenigstens ein Faktor null wird. Beim Einsetzen von –2 in den Faktor $x+2$ nimmt dieser Faktor den Wert 0 an. Somit wird der gesamte Funktionsterm gleich null.

Alternativ: Rechnung

$$f(-2)=\frac{1}{8}\cdot(-2)^3-\frac{5}{4}\cdot(-2)^2+\frac{1}{2}\cdot(-2)+7=\frac{1}{8}\cdot(-8)-\frac{5}{4}\cdot 4-1+7=-1-5-1+7=0$$

b) $f(x)=0$

$\Rightarrow\ x_1=-2$ oder $x^2-12x+28=0$

Lösen der quadratischen Gleichung mithilfe der p-q-Formel ($p=-12$ und $q=28$):

$$x_{2;\,3}=6\pm\sqrt{36-28}=6\pm\sqrt{8}$$

c) Die Steigung m der Tangente im Punkt N ist gleich der Steigung des Graphen im Punkt N. Durch Einsetzen des Arguments –2 in die 1. Ableitungsfunktion erhält man die Steigung des Graphen im Punkt N. Bildet man mit der Potenzregel und der Summen-/Differenzregel die 1. Ableitungsfunktion, so erhält man:

$$f'(x)=\frac{3}{8}x^2-\frac{5}{2}x+\frac{1}{2}$$

$$f'(-2)=\frac{3}{8}\cdot(-2)^2-\frac{5}{2}\cdot(-2)+\frac{1}{2}=\frac{3}{8}\cdot 4+5+\frac{1}{2}=\frac{3}{2}+5+\frac{1}{2}=7$$

Einsetzen der Koordinaten des Punktes N und der Steigung m in die allgemeine Form der Geradengleichung $y=mx+b$ ergibt:

$0=7\cdot(-2)+b$

$b=14$

Die Tangente an den Graphen der Funktion f im Punkt $N(-2\,|\,0)$ hat die Gleichung $y=7x+14$.

d) Nach Aufgabenteil b ist $x=-2$ die kleinste Nullstelle. Der Graph von f muss somit um mindestens 2 Einheiten nach rechts verschoben werden. Z. B. ist somit $a=-2$ und $g(x)=f(x-2)$.

Anmerkung: Die Abbildung ist nicht verlangt.

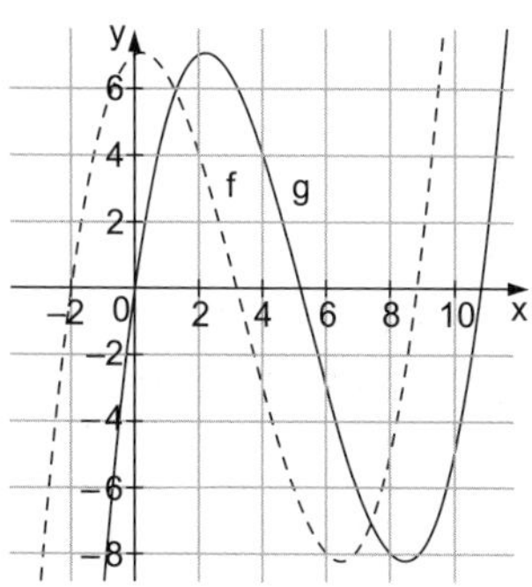

Aufgabe 3

a) Alle Punkte auf der y-Achse haben die x-Koordinate 0.

$f(0)=2$

Der Schnittpunkt S_y mit der y-Achse hat die Koordinaten $S_y(0|2)$.

Die Steigung m der Tangente im Punkt S_y ist gleich der Steigung des Graphen im Punkt S_y. Durch Einsetzen des Arguments 0 in die 1. Ableitungsfunktion erhält man die Steigung des Graphen im Punkt S_y. Bildet man mit der Potenzregel und der Summen-/Differenzregel die 1. Ableitungsfunktion, so erhält man:

$f'(x)=1{,}5x^2-2x-3$

$f'(0)=-3$

Bei bekanntem y-Achsenabschnitt erhält man als Gleichung der Geraden $y=-3x+2$.

b) Weder Abbildung 2 noch Abbildung 3 kann der Graph der 1. Ableitungsfunktion sein, denn am Graphen liest man für $x=0$ die Steigung 3 bzw. –2 ab. Nach Aufgabenteil a beträgt die Steigung im Schnittpunkt mit der y-Achse aber –3.

Alternative Begründung für Abbildung 2: Abbildung 2 kann nicht der Graph der 1. Ableitungsfunktion sein, denn der Graph hat bei der Nullstelle im negativen (positiven) Bereich einen „–/+"-Vorzeichenwechsel („+/–"-Vorzeichenwechsel), sodass an dieser Stelle ein Tiefpunkt (Hochpunkt) vorliegen müsste. Der Graph der Funktion f hat an dieser Stelle aber einen Hochpunkt (Tiefpunkt).

Aufgabe 4

a) Der Graph der Funktion f' berührt die x-Achse an der Stelle $x=1$ und schneidet die x-Achse im Punkt $N(4|0)$.

Für $x<4$ verläuft der Graph im nichtnegativen Bereich, für $x>4$ im negativen Bereich. Der Graph der Funktion f ist daher für $x<4$ monoton steigend und für $x>4$ monoton fallend.

Die notwendige Bedingung für Extremstellen ist $f'(x)=0$. Die notwendige Bedingung ist für $x=1$ und $x=4$ erfüllt.

Die hinreichende Bedingung für Extremstellen ist: $f'(x)=0$ und $f'(x)$ hat an den möglichen Extremstellen einen Vorzeichenwechsel. Daher hat der Graph der Funktion f die Extremstelle $x=4$. Da der Graph bis $x=4$ steigt und anschließend fällt, handelt es sich um eine Maximumstelle.

Der Graph der Funktion ist bis $x=4$ (streng) monoton steigend, hat in $H(4|f(4))$ einen Hochpunkt und fällt anschließend. Daher läuft der Graph für betragsgroße x gegen $-\infty$.

b) Die Ursprungsgerade g_{PQ} hat die Steigung:

$$m=\frac{4-0}{4-0}=1$$

Zeichnet man eine Parallele zur x-Achse im Abstand 1 (im positiven Bereich), so geben die gemeinsamen Punkte von Parallele und Graph der Ableitungsfunktion die Anzahl der Punkte des Graphen mit der Steigung 1 an, siehe Abbildung.

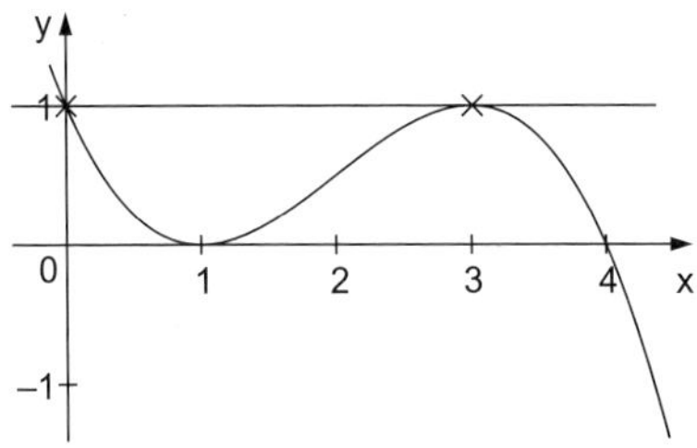

Die Parallele schneidet den Graphen der 1. Ableitungsfunktion an der Stelle $x=0$ und berührt ihn an der Stelle $x=3$. In den Punkten $P_1(0\,|\,f(0))$ und $P_2(3\,|\,f(3))$ hat der Graph der Funktion die gleiche Steigung wie die Gerade durch die Punkte P und Q.

Aufgabe 5

a) Die allgemeine Exponentialfunktion lautet: $f(t)=c\cdot a^t$ (c Anfangswert, a Wachstumsfaktor)

Zu Beginn des Beobachtungszeitraums, also zum Zeitpunkt $t=0$, beträgt die Anzahl 1 200 Bakterien. Damit ist der Anfangswert $c=1\,200$.

5 Stunden nach Beobachtungsbeginn, also zum Zeitpunkt $t=5$, hat sich die Anzahl der Bakterien verdoppelt:

$$f(5)=2\cdot 1\,200=2\,400$$

$$2\,400=1\,200\cdot a^5$$

$$a^5=2$$

$$a=\sqrt[5]{2}=2^{\frac{1}{5}}$$

Die gesuchte Exponentialfunktion lautet: $f(t)=1\,200\cdot 2^{\frac{1}{5}t}$

Verdoppelt sich der Bestand alle 5 Stunden, so lag 5 Stunden vor Beobachtungsbeginn die Hälfte der Bakterien, also 600 Bakterien, vor.

Alternativ: mithilfe der Funktion

$$f(-5)=1\,200\cdot 2^{\frac{1}{5}\cdot(-5)}=1\,200\cdot 2^{-1}=1\,200\cdot\frac{1}{2}=600$$

b) Da die Exponentialfunktion durch 2 Punkte festgelegt ist, muss man nur testen, ob 2 Punkte, die auf dem gegebenen Graphen liegen, auch die Gleichung erfüllen.

Der Graph der Funktion gehört zur Funktion $f(x)=2^{x-1}$, denn es gilt:

$$f(0)=2^{0-1}=\frac{1}{2}\quad\text{und}\quad f(1)=2^{1-1}=1$$

Der Graph kann nicht zur Funktion $f(x)=\left(\frac{1}{2}\right)^x-1$ gehören, denn es gilt:

$$f(0)=\left(\frac{1}{2}\right)^0-1=0$$

Alternative Begründung:
Die Funktionswerte wachsen mit dem Faktor 2, wenn x um 1 vergrößert wird. Der Wachstumsfaktor der Exponentialfunktion ist somit gleich 2. Er kann nicht zur Funktion $f(x)=2^x-1$ gehören, da $f(0)=2^0-1=0$ gilt.

Aufgabe 6

a) Der Graph der Funktion g geht durch Verschiebung um 2 Einheiten nach links aus dem Graphen der Funktion f hervor.

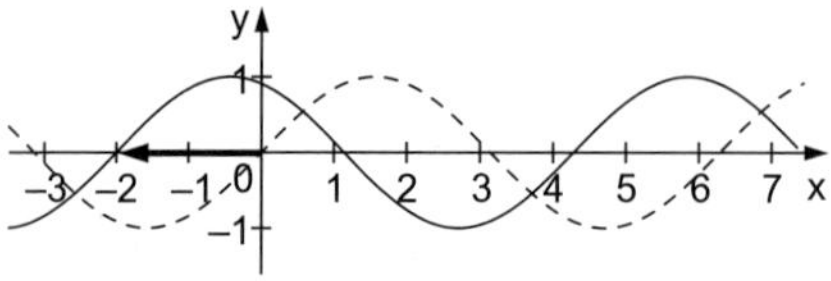

Der Graph der Funktion h geht durch Spiegelung des Graphen der Funktion f an der x-Achse und anschließende Verschiebung um 1 Einheit nach unten aus dem Graphen der Funktion f hervor.

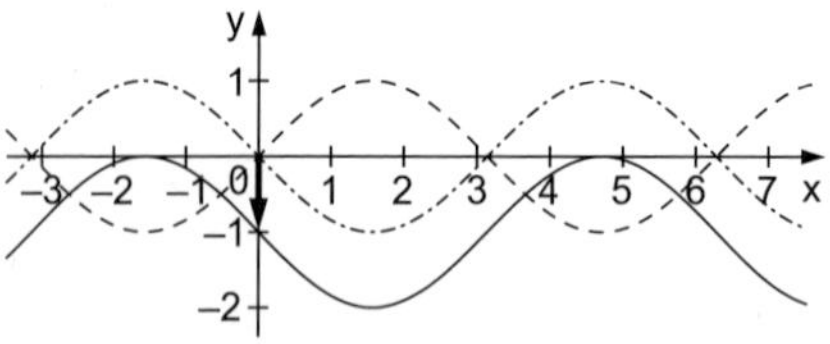

b) Das Maximum der Funktion liegt bei $y=3$, das Minimum bei $y=-1$. Die doppelte Amplitudenhöhe ist somit 4, die Amplitude a also gleich 2.

Die Sinusfunktion wurde um 3 Einheiten nach rechts und um 1 Einheit nach oben verschoben. Es ist somit $c=3$ und $d=1$.

Die Periodenlänge ist gleich 4.

$$\frac{2\pi}{b}=4$$

$$b=\frac{\pi}{2}$$

Der Ausschnitt des Graphen gehört zur Funktion $f(x)=2\cdot\sin\left(\frac{\pi}{2}\cdot(x-3)\right)+1$.

Aufgabe 7

a) Der Graph der Funktion verläuft von $t=0$ bis $t=25$. Der Tauchgang dauert somit 25 Minuten. Die maximale Tiefe wird nach 10 Minuten erreicht und beträgt 30 m.

b) Das Abtauchen findet in den ersten 10 Minuten bis zu einer Tauchtiefe von 30 m statt. Die durchschnittliche Abtauchgeschwindigkeit beträgt somit:

$$\frac{30\text{ m} - 0\text{ m}}{10\text{ min} - 0\text{ min}} = 3\,\frac{\text{m}}{\text{min}}$$

c) Die maximale Abtauchgeschwindigkeit wird aufgrund des Kurvenverlaufs am Anfang des Abtauchens erreicht. Legt man die Tangente an den Graphen der Funktion und bestimmt die Koordinaten eines weiteren Punktes auf der Tangente, so kann mithilfe dieser Koordinaten die Steigung berechnet werden.

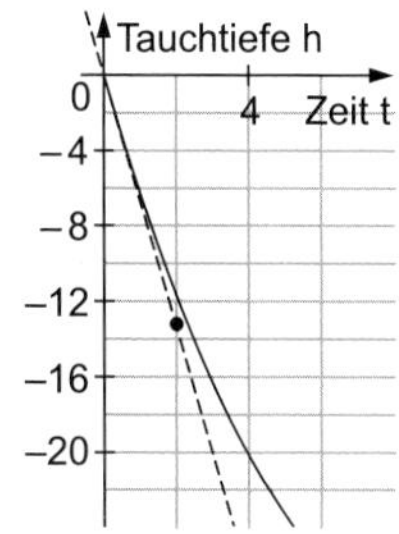

$$m \approx \frac{-13}{2} = -6{,}5$$

Die maximale Abtauchgeschwindigkeit beträgt ca. $6{,}5\,\frac{\text{m}}{\text{min}}$.

d) Nach Aufgabenteil c beträgt die Steigung zu Beginn ca. −6,5. Der Funktionswert von h' an der Stelle $t = 0$ muss somit auch −6,5 betragen. Der Abtauchvorgang findet in den ersten 10 Minuten statt, bis die maximale Tiefe erreicht ist. Bei $t = 10$ muss somit, da ein absolutes Minimum vorliegt, h' den Wert 0 annehmen. Da die Tauchtiefe innerhalb der ersten 10 Minuten immer langsamer zunimmt, nehmen die Werte von h' immer langsamer (im negativen Bereich) zu. Die restliche Zeit des Tauchvorgangs findet ein Auftauchen statt. Der Graph der Funktion h' verläuft im positiven Bereich.

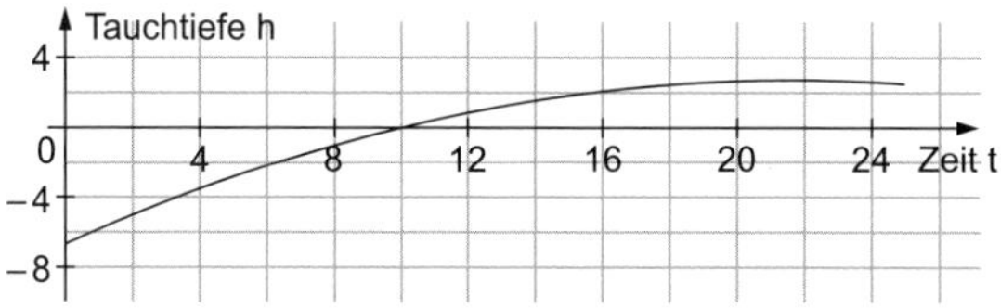

Aufgabe 8

a) Die notwendige Bedingung für Extremstellen ist $f'(x) = 0$.
Eine Ableitung der Funktion f mithilfe der Faktor-, Summen- und Potenzregel ergibt:

$$f'(x) = -\frac{1}{3}x^2 + \frac{1}{3}x + \frac{35}{12}$$

$$-\frac{1}{3}x^2 + \frac{1}{3}x + \frac{35}{12} = 0$$

$$x^2 - x - \frac{35}{4} = 0$$

$$\Rightarrow \quad x_{1;2} = \frac{1}{2} \pm \sqrt{\frac{1}{4} + \frac{35}{4}} = \frac{1}{2} \pm \sqrt{\frac{36}{4}} = \frac{1}{2} \pm \sqrt{9} = \frac{1}{2} \pm 3$$

$$\Rightarrow \quad x_1 = -2{,}5 \text{ oder } x_2 = 3{,}5$$

Die Überprüfung der hinreichenden Bedingung kann mithilfe des Graphen oder mithilfe des Vorzeichenwechselkriteriums geschehen.

Mithilfe des Graphen:
Der Abbildung entnimmt man, dass der Graph bis $x = -2{,}5$ fällt und anschließend steigt; $x = -2{,}5$ ist somit eine Minimumstelle. Ab $x = -2{,}5$ steigt der Graph, um nach $x = 3{,}5$ wieder abzufallen. Bei $x = 3{,}5$ liegt somit eine Maximumstelle vor.

Alternativ: mithilfe des Vorzeichenwechselkriteriums

$$f'(-3) = -\frac{1}{3} \cdot 9 + \frac{1}{3} \cdot (-3) + \frac{35}{12} = -3 - 1 + \frac{35}{12} = \frac{-48 + 35}{12} = -\frac{13}{12}$$

$$f'(-2) = -\frac{1}{3} \cdot 4 + \frac{1}{3} \cdot (-2) + \frac{35}{12} = -\frac{4}{3} - \frac{2}{3} + \frac{35}{12} = \frac{-16 - 8 + 35}{12} = \frac{11}{12}$$

$$f'(3) = -\frac{1}{3} \cdot 9 + \frac{1}{3} \cdot 3 + \frac{35}{12} = -3 + 1 + \frac{35}{12} = \frac{-24 + 35}{12} = \frac{11}{12}$$

$$f'(4) = -\frac{1}{3} \cdot 16 + \frac{1}{3} \cdot 4 + \frac{35}{12} = -\frac{16}{3} + \frac{4}{3} + \frac{35}{12} = \frac{-64 + 16 + 35}{12} = -\frac{13}{12}$$

An der Stelle $x = -2{,}5$ liegt ein „–/+“-Vorzeichenwechsel vor, $x = -2{,}5$ ist eine Minimumstelle.

An der Stelle $x = 3{,}5$ liegt ein „+/–“-Vorzeichenwechsel vor, $x = 3{,}5$ ist eine Maximumstelle.

b) Funktionswert an der Stelle $x = 0{,}5$:

$$f(0{,}5) = -\frac{1}{9} \cdot \frac{1}{8} + \frac{1}{6} \cdot \frac{1}{4} + \frac{35}{12} \cdot \frac{1}{2} = -\frac{1}{72} + \frac{1}{24} + \frac{35}{24} = \frac{-1 + 3 + 105}{72} = \frac{107}{72}$$

Die Steigung der Tangente im Punkt W ist gleich der Steigung des Graphen im Punkt W. Eine Berechnung mithilfe der 1. Ableitung liefert:

$$f'(0{,}5) = -\frac{1}{3} \cdot \frac{1}{4} + \frac{1}{3} \cdot \frac{1}{2} + \frac{35}{12} = -\frac{1}{12} + \frac{1}{6} + \frac{35}{12} = \frac{-1 + 2 + 35}{12} = \frac{36}{12} = 3$$

Einsetzen der Steigung und des Funktionswertes in die allgemeine Form der Geradengleichung $y = mx + b$ ergibt:

$$\frac{107}{72} = 3 \cdot \frac{1}{2} + b$$

$$b = \frac{107}{72} - \frac{3}{2} = \frac{107}{72} - \frac{108}{72} = -\frac{1}{72}$$

Die Gleichung der Tangente lautet: $y = 3x - \frac{1}{72}$

c) Der Graph der Ableitungsfunktion einer ganzrationalen Funktion 3. Grades ist eine Parabel (Graph einer ganzrationalen Funktion 2. Grades).

In den Extremstellen hat der Graph der Funktion f die Steigung null. Die Parabel schneidet somit die x-Achse bei $x=-2{,}5$ und $x=3{,}5$. Nach Aufgabenteil b beträgt die maximale Steigung 3, der Scheitelpunkt der Parabel hat somit an der Stelle $x=0{,}5$ den Funktionswert 3.

Alternativ: ohne Rückgriff auf die x-Koordinate von W
Eine Parabel ist symmetrisch zu einer Gerade mit der Gleichung $x=a$, die in der Mitte zwischen den Nullstellen der Parabel verläuft.
$a=0{,}5\cdot(-2{,}5+3{,}5)=0{,}5$

Durch die Schnittpunkte mit der x-Achse und den Scheitelpunkt ist folgende Parabel festgelegt:

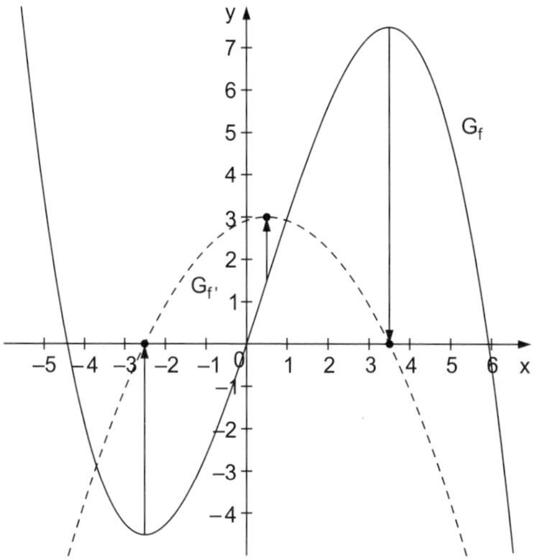

Aufgabe 1

In einem Stoffbeutel befinden sich nur weiße und schwarze Kugeln. Patrick entnimmt nacheinander zwei Kugeln. In dem folgenden Baumdiagramm ist dieses Zufallsexperiment „Zweimaliges Ziehen einer Kugel“ dargestellt.

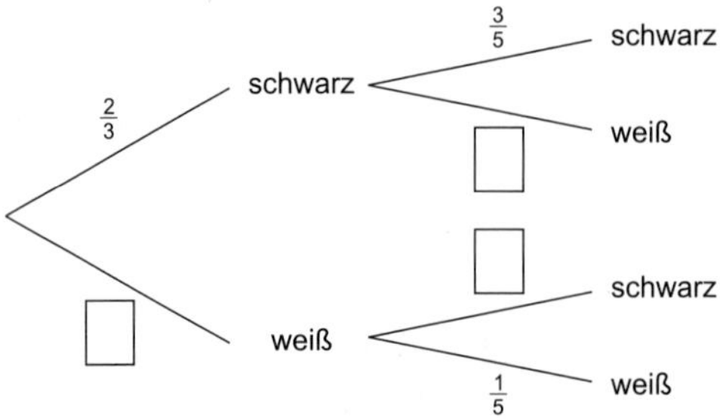

a) Geben Sie mit Begründung an, ob die Kugel nach der 1. Ziehung wieder zurückgelegt wurde oder nicht.

b) Ergänzen Sie die fehlenden Wahrscheinlichkeiten im Baumdiagramm.

c) Berechnen Sie die Wahrscheinlichkeit, dass wenigstens eine weiße Kugel gezogen wurde.

d) Die Zufallsgröße X beschreibt die Anzahl der gezogenen schwarzen Kugeln. Berechnen Sie den Erwartungswert der Zufallsgröße X.

Aufgabe 2

Zwei Glücksräder sind jeweils in 10 gleich große Sektoren eingeteilt. Die Sektoren sind, wie in der folgenden Abbildung zu sehen, mit Zahlen versehen.

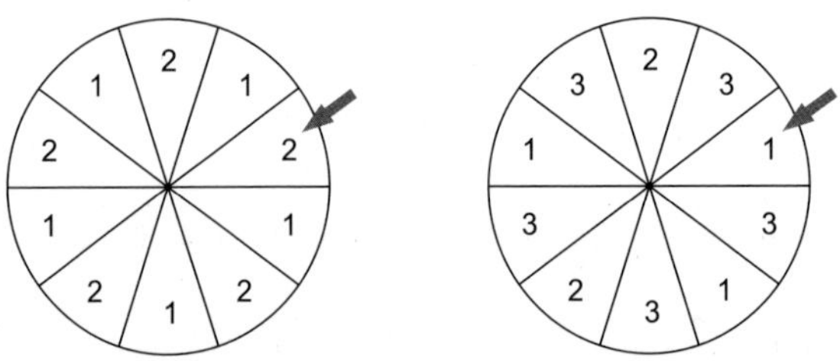

a) Beide Glücksräder werden zugleich gedreht und die beiden Zahlen der Sektoren, auf die die Pfeile zeigen, zusammengezählt. Bestimmen Sie die Wahrscheinlichkeit, dass die Summe der Zahlen 4 ist.

b) Vor dem Drehen der Glücksräder wird folgendes Spiel vereinbart: Zeigen die Pfeile bei beiden Glücksrädern auf einen Sektor mit der gleichen Zahl, so wird der Betrag in Euro ausbezahlt, den die Zahl angibt. Andernfalls ist der gesetzte Einsatz verloren. Berechnen Sie die Höhe des Einsatzes, damit das Spiel fair ist.

c) Bestimmen Sie die Wahrscheinlichkeit, dass man 3-mal nacheinander gewinnt.

Aufgabe 3

Bei der Vergabe von Referaten wird das Aufgabenthema verlost. Dazu hat der Mathematiklehrer zwei Umschläge mit je 5 Themenkarten zu linearen und quadratischen Funktionen vorbereitet. Es ist bekannt, dass Umschlag 1 genau zweimal das Thema lineare Funktionen, Umschlag 2 genau zweimal das Thema quadratische Funktionen enthält. Eine Schülergruppe wählt zuerst den Umschlag und zieht dann zwei Karten.

a) Zeigen Sie rechnerisch, dass die Wahrscheinlichkeit, zweimal das Thema quadratische Funktionen zu erhalten, 20 % beträgt. Tragen Sie hierzu die Wahrscheinlichkeiten in das folgende Baumdiagramm ein.

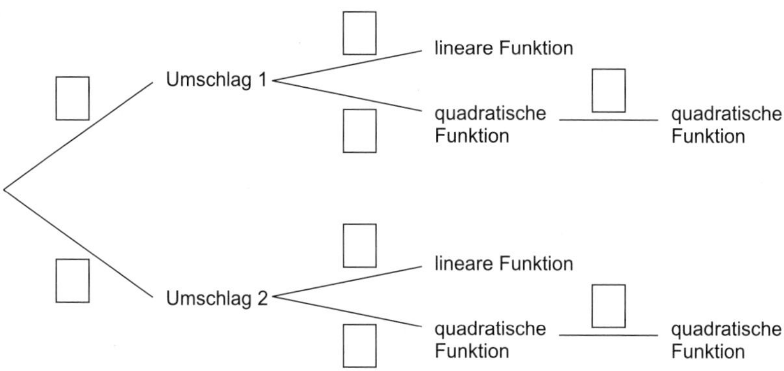

b) Bestimmen Sie die Wahrscheinlichkeit, dass die Schülergruppe Umschlag 1 ausgewählt hatte, wenn nicht zweimal das Thema quadratische Funktionen gezogen wurde. Ergänzen Sie hierzu zuerst die Wahrscheinlichkeiten in der folgenden Vierfeldertafel:

	2-mal quadr. Funktion	$\overline{\text{2-mal quadr. Funktion}}$	
Umschlag 1			0,5
Umschlag 2	0,05		
		0,8	

Aufgabe 4

Ein neuer Lieferant liefert der Firma Binder Steckverbindungen. Um die Qualität des Produktes festzustellen, werden 50 Steckverbindungen einer größeren Lieferung überprüft und es wird folgendermaßen verfahren: Sind weniger als 2 Steckverbindungen nicht von der Qualitätsstufe I, so wird die Lieferung angenommen. Bei mehr als 2 qualitativ schlechten Verbindungen wird die Lieferung zurückgeschickt.
Bei 2 Steckverbindungen, die nicht die Qualitätsstufe I erfüllen, werden 100 weitere Steckverbindungen entnommen und ebenfalls untersucht. Sind bei der 2. Kontrolle mehr als 2 Steckverbindungen nicht von der Qualitätsstufe I, dann wird die Lieferung zurückgeschickt, ansonsten wird sie angenommen.

a) Die Zufallsvariable X gibt die Anzahl der Steckverbindungen an, die nicht der Qualitätsstufe I entsprechen. Ergänzen Sie die fehlenden Wahrscheinlichkeiten im Baumdiagramm.

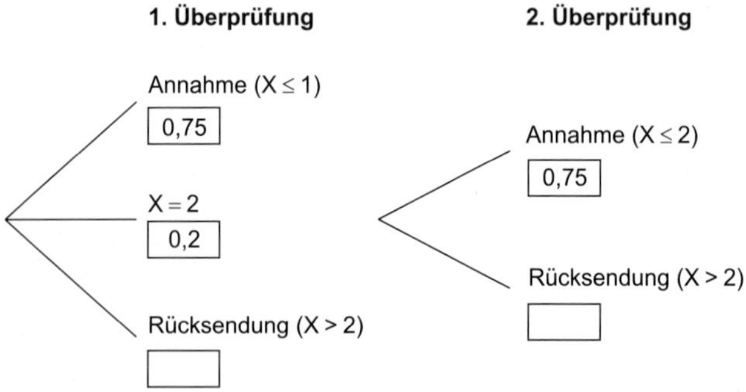

b) Berechnen Sie die Wahrscheinlichkeit, dass die Sendung angenommen wird.

c) Berechnen Sie die Wahrscheinlichkeit, dass bei einer zurückgeschickten Sendung nur eine Überprüfung stattgefunden hat.

d) Geben Sie die Bedeutung des Terms $\frac{0{,}2 \cdot 0{,}75}{0{,}75 + 0{,}2 \cdot 0{,}75}$ an.

Aufgabe 5

a) Ein Würfel wird einmal geworfen. Überprüfen Sie, ob die Ereignisse

A: „Die Augenzahl ist keine Primzahl." und

B: „Die Augenzahl ist durch 3 teilbar."

stochastisch unabhängig sind.

b) In einer Urne liegen 6 Kugeln, die mit den Zahlen von 1 bis 6 beschriftet sind. Es wird 3-mal eine Kugel mit Zurücklegen aus der Urne gezogen. Bestimmen Sie die Wahrscheinlichkeit, dass wenigstens einmal eine 5 oder eine 6 gezogen wurde.

Aufgabe 6

Das Verschicken von Kurznachrichten ist – neben dem Telefonieren – die mit Abstand am häufigsten genutzte Funktion bei Handys und Smartphones. Eine Umfrage bei Personen über 16 Jahren zeigte, dass Kurznachrichten vorwiegend über SMS oder WhatsApp verschickt werden. Betrachtet man nur die Personen, die ihre Nachrichten in der Regel als SMS oder über WhatsApp verschicken, so kann man eine unterschiedliche Nutzung von SMS bzw. WhatsApp abhängig von der Altersgruppe feststellen. Die folgende Tabelle zeigt einige der bei der Umfrage erhobenen Daten.

	Altersgruppen (in Jahren)			
	16–29	30–44	45 und älter	
SMS	192		385	
WhatsApp	201	136		381
			429	1 206

a) Vervollständigen Sie die Tabelle.

b) Bestimmen Sie die Wahrscheinlichkeit, dass eine befragte Person, die ihre Nachricht per SMS verschickt, zur Altersgruppe 30–44 Jahre gehört.

c) Bestimmen Sie die Wahrscheinlichkeit, dass eine befragte Person, die jünger als 45 Jahre ist, ihre Nachrichten per WhatsApp verschickt.

Hinweise und Tipps

Aufgabe 1 a

- Beachten Sie die Wahrscheinlichkeiten am Pfad schwarz-schwarz.

Aufgabe 1 b

- Die Summe der Wahrscheinlichkeiten ist gleich 1.

Aufgabe 1 c

- Beachten Sie das Gegenereignis und/oder wenden Sie die Pfadregeln an.

Aufgabe 1 d

- Der Erwartungswert ist die Summe der Produkte aus Zufallsgröße und zugehöriger Wahrscheinlichkeit.

Aufgabe 2 a

- Es gibt 2 Möglichkeiten, die Summe 4 zu bilden.
- Zeichnen Sie ein Baumdiagramm mit den zum Ereignis gehörenden Pfaden und tragen Sie die Wahrscheinlichkeiten ein.

Aufgabe 2 b

- Gehen Sie wie in Teilaufgabe a vor, nur dass Sie nun die Pfade suchen, bei denen beide Glücksräder die 1 oder beide die 2 zeigen.
- Ein Spiel ist fair, wenn der Erwartungswert gleich null ist.
- Der Erwartungswert ist die Summe der Produkte aus Zufallsgröße und zugehöriger Wahrscheinlichkeit.

Aufgabe 2 c

- Die Wahrscheinlichkeit für einen Gewinn kennen Sie aus Teilaufgabe b.
- Es liegt ein dreistufiges Zufallsexperiment vor. Wenden Sie die Pfadmultiplikationsregel an.

Aufgabe 3 a

- Beachten Sie, dass in jedem Umschlag 5 Themenkarten liegen.
- Es handelt sich um ein Ziehen ohne Zurücklegen.
- Tragen Sie die Wahrscheinlichkeiten ein und wenden Sie die Pfadregeln an.

Aufgabe 3 b

- Beachten Sie die Spalten- und Zeilensummen.
- Entnehmen Sie der Vierfeldertafel die nötigen Wahrscheinlichkeiten.
- Es ist eine bedingte Wahrscheinlichkeit gesucht.

Aufgabe 4 a

- Die Summe der Wahrscheinlichkeiten an den Ästen, die von einem Verzweigungspunkt ausgehen, ist 1.

Aufgabe 4 b

- Wenden Sie die Pfadregeln an.

Aufgabe 4 c

- Tragen Sie die Wahrscheinlichkeiten entweder in eine Vierfeldertafel ein oder zeichnen Sie ein umgekehrtes Baumdiagramm.
- Gesucht ist eine bedingte Wahrscheinlichkeit.

Aufgabe 4 d

- Schauen Sie im Baumdiagramm in Teilaufgabe a, welche Wahrscheinlichkeiten dividiert werden.

Aufgabe 5 a

- Bestimmen Sie zuerst die Ergebnisse, die zu A bzw. zu B gehören.
- Zwei Ereignisse sind stochastisch unabhängig, wenn gilt: $P(A \cap B) = P(A) \cdot P(B)$

Aufgabe 5 b

- Fassen Sie die Zahlen, die gezogen werden können, günstig zusammen.
- Zeichnen Sie ein vereinfachtes Baumdiagramm.
- Berechnen Sie die gesuchte Wahrscheinlichkeit über das Gegenereignis.

Aufgabe 6 a

- Ergänzen Sie die absoluten Häufigkeiten durch passende Additionen bzw. Subtraktionen.

Aufgabe 6 b

- Entnehmen Sie der Vierfeldertafel die nötigen Häufigkeiten.
- Beachten Sie die Grundgesamtheit, auf die sich die Aufgabenstellung bezieht.
- Sie können auch die Formel für die bedingte Wahrscheinlichkeit verwenden.

Aufgabe 6 c

- Gehen Sie wie in Teilaufgabe b vor.
- Beachten Sie, dass zwei Altersgruppen zu „jünger als 45“ gehören.

Lösung

Aufgabe 1

a) Es handelt sich um das Ziehen zweier Kugeln ohne Zurücklegen, denn die Wahrscheinlichkeit für schwarz ändert sich, nachdem die erste schwarze Kugel gezogen wurde.
Beim Ziehen mit Zurücklegen müsste die Wahrscheinlichkeit beim Ziehen der zweiten schwarzen Kugel auch $\frac{2}{3}$ betragen.

b) Die Summe der Wahrscheinlichkeiten, die von einem Verzweigungspunkt ausgehen, ist 1.

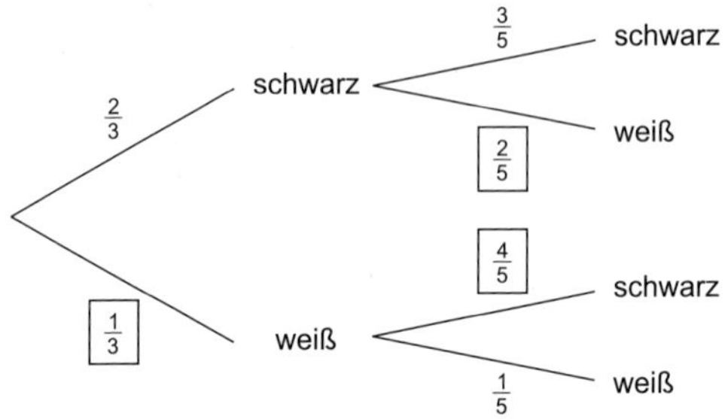

c) *1. Lösungsmöglichkeit:* Gegenereignis

$$P(\text{wenigstens 1 weiße Kugel}) = 1 - P(\text{2 schwarze Kugeln}) = 1 - \frac{2}{3} \cdot \frac{3}{5} = 1 - \frac{2}{5} = \frac{3}{5}$$

2. Lösungsmöglichkeit: Anwenden der Pfadregeln

$$P(\text{wenigstens 1 weiße Kugel}) = P(w, w) + P(s, w) + P(w, s)$$

$$= \frac{1}{3} \cdot \frac{1}{5} + \frac{2}{3} \cdot \frac{2}{5} + \frac{1}{3} \cdot \frac{4}{5} = \frac{1}{15} + \frac{4}{15} + \frac{4}{15} = \frac{9}{15} = \frac{3}{5}$$

d) Wahrscheinlichkeitsverteilung für die Zufallsgröße X:

k	0	1	2
$P(X=k)$	$\frac{1}{3} \cdot \frac{1}{5} = \frac{1}{15}$	$\frac{1}{3} \cdot \frac{4}{5} + \frac{2}{3} \cdot \frac{2}{5} = \frac{8}{15}$	$\frac{2}{3} \cdot \frac{3}{5} = \frac{6}{15}$

Erwartungswert von X:

$$\mu = E(X) = 0 \cdot \frac{1}{15} + 1 \cdot \frac{8}{15} + 2 \cdot \frac{6}{15} = \frac{20}{15} = \frac{4}{3}$$

Der Erwartungswert für die Anzahl der schwarzen Kugeln beträgt $\frac{4}{3}$.

Aufgabe 2

a) Die Summe 4 erhält man, indem der Pfeil bei Glücksrad 1 auf einen Sektor mit der Zahl 1 und bei Glücksrad 2 auf einen Sektor mit der Zahl 3 zeigt oder indem die Pfeile bei beiden Glücksrädern auf Sektoren mit der Zahl 2 zeigen. Durch Eintragen der Ereignisse und der zugehörigen Wahrscheinlichkeiten in ein Baumdiagramm erhält man:

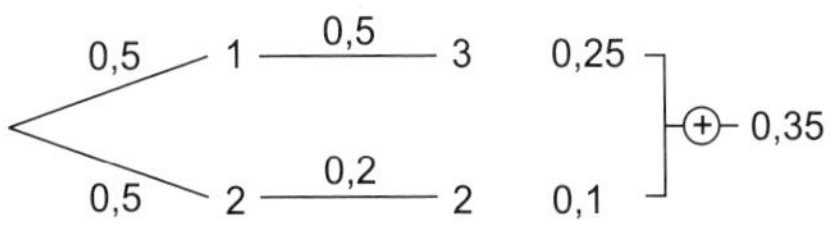

$P(\text{Summe gleich } 4) = 0{,}5 \cdot 0{,}5 + 0{,}5 \cdot 0{,}2 = 0{,}25 + 0{,}1 = 0{,}35$

Mit einer Wahrscheinlichkeit von 0,35 ist die Summe der beiden Zahlen auf den Sektoren gleich 4.

b)

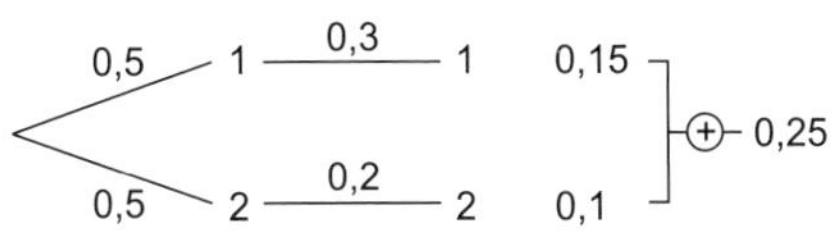

Man erhält die „Doppeleins“ mit der Wahrscheinlichkeit $0{,}5 \cdot 0{,}3 = 0{,}15$ und die „Doppelzwei“ mit der Wahrscheinlichkeit $0{,}5 \cdot 0{,}2 = 0{,}1$.

Ein Spiel ist fair, wenn der Erwartungswert gleich null ist.

Die zu erwartende Auszahlung ist $0{,}15 \cdot 1\,€ + 0{,}1 \cdot 2\,€ = 0{,}35\,€$. Setzt man vor dem Spiel einen Einsatz von 0,35 €, so ist das Spiel fair.

Alternativ: über Wahrscheinlichkeitsverteilung

Ist x der Einsatz in €, so erhält man:

Zahlen auf den Glücksrädern	1; 1	2; 2	sonst
Wahrscheinlichkeit	0,15	0,1	0,75
Gewinn (in €)	$1-x$	$2-x$	$-x$

Der Erwartungswert für den Gewinn ist:

$E(\text{Gewinn}) = 0{,}15 \cdot (1-x) + 0{,}1 \cdot (2-x) + 0{,}75 \cdot (-x) = 0{,}35 - x$

Bei einem fairen Spiel muss der Erwartungswert gleich null sein:

$$0{,}35 - x = 0$$
$$x = 0{,}35$$

Bei einem Einsatz von 0,35 € ist das Spiel fair.

c) Die Wahrscheinlichkeit für einen Gewinn ist $0{,}25 = \frac{1}{4}$.

Man gewinnt 3-mal nacheinander mit der Wahrscheinlichkeit $\frac{1}{4} \cdot \frac{1}{4} \cdot \frac{1}{4} = \frac{1}{64}$.

Aufgabe 3

a)

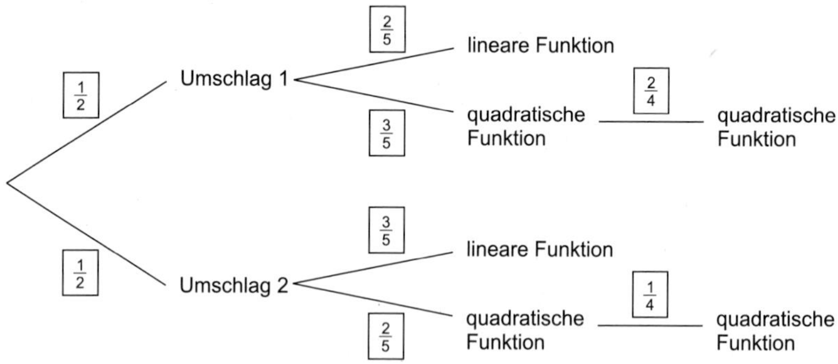

$$P(\text{2-mal quadratische Funktion}) = \frac{1}{2}\cdot\frac{3}{5}\cdot\frac{2}{4}+\frac{1}{2}\cdot\frac{2}{5}\cdot\frac{1}{4}=\frac{3}{20}+\frac{1}{20}=\frac{4}{20}=\frac{1}{5}$$

b)

	2-mal quadr. Funktion	$\overline{\text{2-mal quadr. Funktion}}$	
Umschlag 1	0,15	0,35	0,5
Umschlag 2	0,05	0,45	0,5
	0,2	0,8	1

Teilt man die Wahrscheinlichkeit, dass $\overline{\text{2-mal quadr. Funktion}}$ aus Umschlag 1 gezogen wurde, durch die Gesamtwahrscheinlichkeit für $\overline{\text{2-mal quadr. Funktion}}$, so erhält man:

$$\frac{0{,}35}{0{,}8}=\frac{7}{16}$$

Alternativ: formal mit der bedingten Wahrscheinlichkeit

$$P_{\overline{\text{2-mal quadr. F.}}}(\text{Umschlag 1})=\frac{P(\overline{\text{2-mal quadr. F.}}\text{ und Umschlag 1})}{P(\overline{\text{2-mal quadr. F.}})}=\frac{0{,}35}{0{,}8}=\frac{7}{16}$$

Aufgabe 4

a)

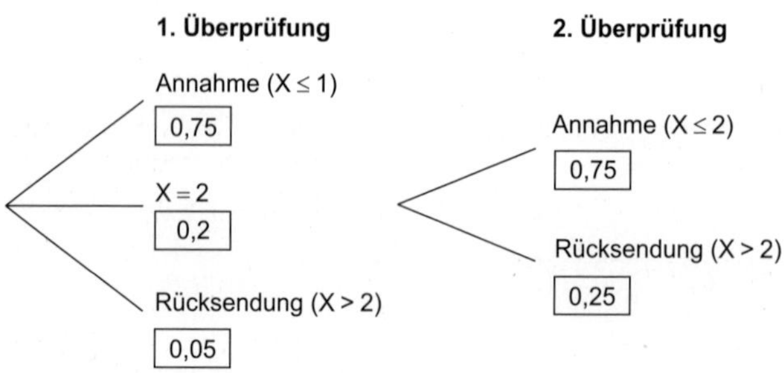

b) P(Sendung angenommen) $= 0{,}75 + 0{,}2 \cdot 0{,}75 = 0{,}9$
Die Wahrscheinlichkeit, dass die Sendung angenommen wird, beträgt 0,9.

c) Vierfeldertafel:

	Annahme	Rücksendung	
eine Überprüfung	0,75	0,05	0,8
zwei Überprüfungen	0,15	0,05	0,2
	0,9	0,1	1

Der Anteil der Rücksendungen insgesamt beträgt 10 %, der Anteil der Rücksendungen nach der 1. Überprüfung 5 %. Die Wahrscheinlichkeit, dass bei einer zurückgeschickten Sendung nur eine Überprüfung stattgefunden hat, ist somit:

$$\frac{0{,}05}{0{,}1} = \frac{1}{2}$$

Alternative 1: formal mit der bedingten Wahrscheinlichkeit

$$P_{\text{Rücksendung}}(\text{eine Überprüfung}) = \frac{P(\text{Rücksendung und eine Überprüfung})}{P(\text{Rücksendung})}$$

$$= \frac{0{,}05}{0{,}05 + 0{,}2 \cdot 0{,}25} = \frac{0{,}05}{0{,}1} = 0{,}5$$

Alternative 2: mit dem umgekehrten Baumdiagramm

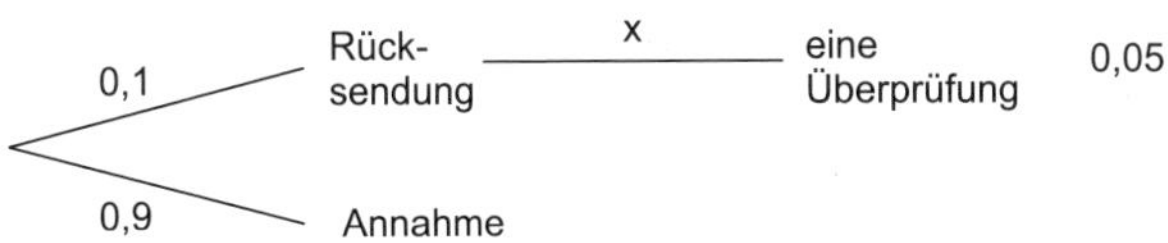

$0{,}1 \cdot x = 0{,}05 \quad \Rightarrow \quad x = 0{,}5$

d) Der Term gibt die Wahrscheinlichkeit an, dass 2 Überprüfungen stattgefunden haben, wenn die Ware angenommen worden ist.

Aufgabe 5

a) $A = \{1; 4; 6\}$
$B = \{3; 6\}$

Beim Würfeln handelt es sich um ein Laplace-Experiment. Die Wahrscheinlichkeit für ein Ereignis erhält man in diesem Fall, indem man die Anzahl der günstigen Fälle durch die Anzahl der möglichen Fälle dividiert. Dadurch erhält man:

$$P(A) = \frac{3}{6} = \frac{1}{2} \text{ und } P(B) = \frac{2}{6} = \frac{1}{3}$$

Zwei Ereignisse sind stochastisch unabhängig, wenn $P(A \cap B) = P(A) \cdot P(B)$ gilt.

$A \cap B = \{6\}$

$$P(A \cap B) = \frac{1}{6}$$

$$P(A) \cdot P(B) = \frac{1}{2} \cdot \frac{1}{3} = \frac{1}{6} = P(A \cap B)$$

Die Ereignisse A und B sind stochastisch unabhängig.

b) Es wird wenigstens dann einmal eine 5 oder eine 6 gezogen, wenn nicht bei jeder Ziehung eine 1, 2, 3 oder 4 gezogen wird. Eine günstige Berechnung erfolgt somit über das Gegenereignis.

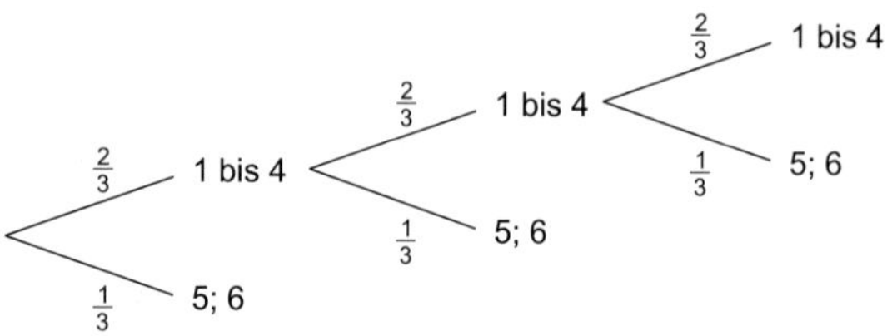

$$P(\text{wenigstens einmal eine 5 oder 6}) = 1 - P(\text{3-mal 1 bis 4}) = 1 - \left(\frac{2}{3}\right)^3 = 1 - \frac{8}{27} = \frac{19}{27}$$

Aufgabe 6

a)

	Altersgruppen (in Jahren)			
	16–29	30–44	45 und älter	
SMS	192	248	385	825
WhatsApp	201	136	44	381
	393	384	429	1 206

b) Da bekannt ist, dass die befragte Person ihre Nachricht in der Regel per SMS verschickt, reduziert sich die Gesamtmenge auf 825 Personen. 248 dieser Personen sind in der Altersgruppe 30–44 Jahre.

	Altersgruppen (in Jahren)			
	16–29	30–44	45 und älter	
SMS	192	248	385	825
WhatsApp	201	136	44	381
	393	384	429	1 206

Die Wahrscheinlichkeit, dass eine befragte Person, die ihre Nachricht per SMS verschickt, zur Altersgruppe 30–44 Jahre gehört, ist somit $\frac{248}{825}$.

Alternativ: formal mit der bedingten Wahrscheinlichkeit

$P_{\text{Kurznachricht in der Regel per SMS}}(30-44 \text{ Jahre})$

$$= \frac{P(\text{Kurznachricht in der Regel per SMS und } 30-44 \text{ Jahre})}{P(\text{Kurznachricht in der Regel per SMS})} = \frac{248}{825}$$

c) Da bekannt ist, dass die befragte Person jünger als 45 Jahre ist, reduziert sich die Gesamtmenge auf $393+384=777$ Personen. $201+136=337$ dieser Personen verschicken ihre Nachrichten vorwiegend per WhatsApp.

	Altersgruppen (in Jahren)			
	16–29	30–44	45 und älter	
SMS	192	248	385	825
WhatsApp	201	136	44	381
	393	384	429	1 206

Die Wahrscheinlichkeit, dass eine befragte Person, die jünger als 45 Jahre ist, ihre Nachrichten per WhatsApp verschickt, ist somit $\frac{337}{777}$.

Alternativ: formal mit der bedingten Wahrscheinlichkeit

$P_{\text{Person jünger als 45 Jahre}}(\text{Nachricht in der Regel per WhatsApp})$

$$= \frac{P(\text{Person jünger als 45 Jahre und Kurznachricht in der Regel per WhatsApp})}{P(\text{Person jünger als 45 Jahre})}$$

$$= \frac{337}{777}$$

Übungsaufgaben Koordinatengeometrie
– hilfsmittelfrei –

Aufgabe 1

Gegeben sind die 4 Punkte $P_1(1\,|\,-3\,|\,1)$, $P_2(5\,|\,1\,|\,-1)$, $P_3(3\,|\,5\,|\,3)$ und $P_4(-1\,|\,1\,|\,5)$.

a) Zeichnen Sie die Punkte in das folgende räumliche Koordinatensystem:

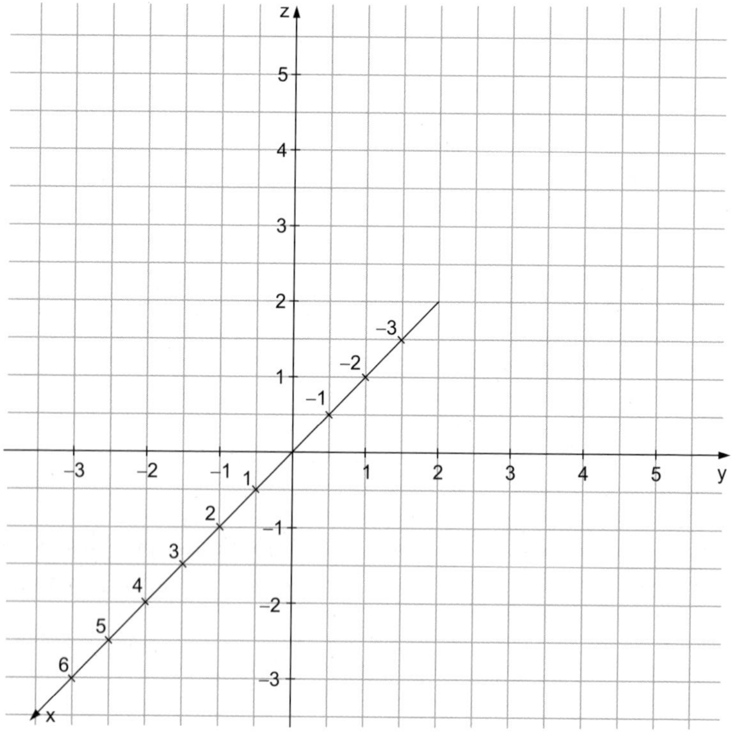

b) Bestimmen Sie rechnerisch, um welche Art von Viereck es sich bei dem Viereck $P_1P_2P_3P_4$ handelt.

Anmerkung: Die Angabe des Vierecks soll so genau wie möglich sein. So reicht z. B. die Aussage nicht, dass es ein Parallelogramm ist, wenn das Viereck eine Raute ist.

Aufgabe 2

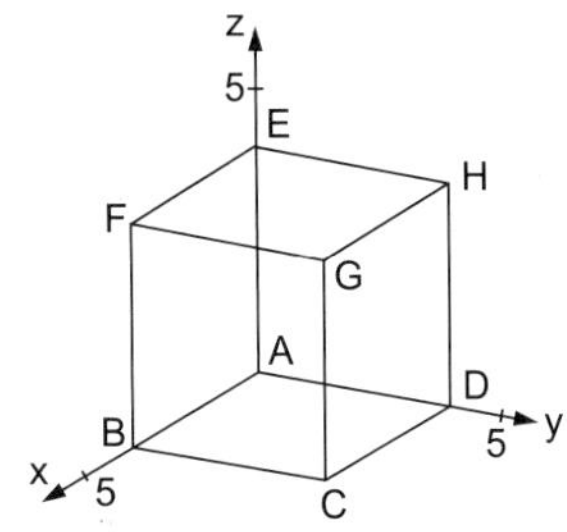

Gegeben ist ein Würfel, dessen Raumdiagonale durch die Eckpunkte $A(0|0|0)$ und $G(4|4|4)$ festgelegt ist.

a) Bestimmen Sie die Koordinaten der anderen Eckpunkte des Würfels.

b) Die Fläche EFGH ist die Grundfläche einer geraden (senkrechten) quadratischen Pyramide mit der Höhe 3 LE. Bestimmen Sie die Koordinaten der Spitze S, wenn diese oberhalb der Grundfläche liegt, und berechnen Sie die Mantelfläche der Pyramide.

Aufgabe 3

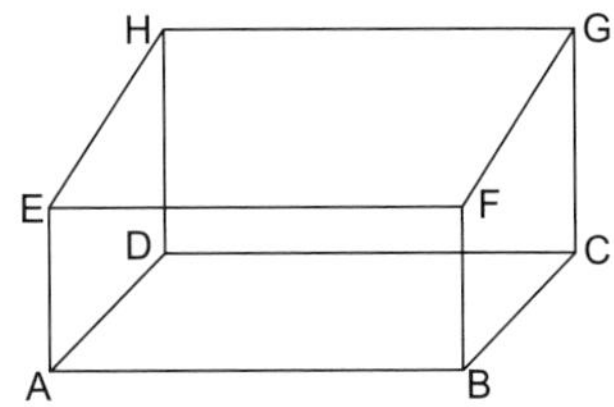

Skizze nicht maßstäblich

Die Produktionshalle einer Firma befindet sich auf ebenem Gelände. Sie besitzt eine rechteckige Grundfläche sowie eine rechteckige Vorder- und Rückwand. Das Dach hat die Form eines Pultdachs. (Ein Pultdach ist ein Dach mit nur einer geneigten Dachfläche.)
In einem geeigneten Koordinatensystem ist $A(2|4|0)$, $B(26|22|0)$, $C(38|6|0)$, $E(2|4|5)$ und $H(14|-12|9)$. (1 LE = 1 m)

a) Bestimmen Sie die Koordinaten der Eckpunkte D, F und G.

b) Überprüfen Sie, ob die Dachkante [EH] länger als 20 m ist.

c) Auf der Dachfläche wurde im Punkt $P\left(12\frac{1}{3}\middle|-7\middle|8\right)$ senkrecht zur Grundfläche eine 5 m lange Mobilfunkantenne errichtet. Bestimmen Sie die Länge, um die die Antenne den Dachfirst [GH] überragt.

d) Ein Außenstrahler befindet sich 1 m (senkrecht) oberhalb des Mittelpunktes des Dachfirstes [GH]. Bestimmen Sie die Position des Strahlers.

Aufgabe 4

Gegeben sind die drei Punkte $P_1(1|2|-3)$, $P_2(7|0|0)$ und $P_3(4|8|-5)$.

a) Zeigen Sie, dass das Dreieck $P_1P_2P_3$ rechtwinklig gleichschenklig ist.

b) Verschieben Sie das Dreieck $P_1P_2P_3$ so, dass der Punkt P_1 anschließend im Ursprung liegt. Das neue Dreieck sei $P_1'P_2'P_3'$. Bestimmen Sie P_1', P_2' und P_3'.

c) Ergänzen Sie das Dreieck $P_1P_2P_3$ durch einen 4. Punkt P_4 zu einem Quadrat.

Hinweise und Tipps

Aufgabe 1a

- Bestimmen Sie die Position des Punktes im Koordinatensystem mithilfe des Linienzugverfahrens (z. B. x Einheiten in Richtung der x-Achse, anschließend von dieser Position aus y Einheiten in Richtung der y-Achse und dann von der Position aus z Einheiten in Richtung der z-Achse).

Aufgabe 1b

- Der Abstand zweier Punkte ist gleich dem Betrag des Differenzvektors dieser Punkte.
- Der Betrag des Differenzvektors zweier Punkte $P_1(x_1|y_1|z_1)$ und $P_2(x_2|y_2|z_2)$ wird berechnet durch die Formel:

$$|\overrightarrow{P_1P_2}| = |\vec{p}_2 - \vec{p}_1| = \left|\begin{pmatrix} x_2 - x_1 \\ y_2 - y_1 \\ z_2 - z_1 \end{pmatrix}\right| = \sqrt{(x_2 - x_1)^2 + (y_2 - y_1)^2 + (z_2 - z_1)^2}$$

- Beachten Sie die Lage der Punkte im Koordinatensystem.
- Betrachten Sie gegenüberliegende Seiten und z. B. die Diagonalenlängen.

Aufgabe 2a

- Bestimmen Sie mithilfe der Koordinaten des Eckpunktes G die Kantenlänge des Würfels.
- Beachten Sie die Lage der Eckpunkte in der Grundfläche bzw. die Lage der Eckpunkte zueinander.

Aufgabe 2b

- Das Lot von der Spitze der Pyramide trifft die quadratische Grundfläche in der Mitte.
- Der Mittelpunkt eines Quadrates ist der Schnittpunkt der Diagonalen.
- Die Diagonalen halbieren im Quadrat einander.
- Der Mittelpunkt M der Strecke $\overline{P_1P_2}$ mit $P_1(x_1|y_1|z_1)$ und $P_2(x_2|y_2|z_2)$ kann bestimmt werden durch die Formel: $\vec{m} = \frac{1}{2} \cdot (\vec{p}_1 + \vec{p}_2) = \frac{1}{2} \cdot \begin{pmatrix} x_1 + x_2 \\ y_1 + y_2 \\ z_1 + z_2 \end{pmatrix}$
- Bestimmen Sie mithilfe der Koordinaten des Mittelpunktes und der Höhe der Pyramide die Koordinaten des Punktes S.
- Die Mantelfläche der Pyramide besteht aus 4 gleichschenkligen, kongruenten Dreiecken.
- Im gleichschenkligen Dreieck ist die Höhe zur Basis zugleich die Mittelsenkrechte.
- Bestimmen Sie den Mittelpunkt einer Kante der Grundfläche der Pyramide.
- Der Flächeninhalt eines Dreiecks berechnet sich nach der Formel: $A = 0{,}5 \cdot g \cdot h$

Aufgabe 3a

- Beachten Sie, dass die Grundfläche, die Vorder- und die Rückwand rechteckig sind. Gegenüberliegende Seiten im Rechteck sind parallel und gleich lang.
- Sie können die Koordinaten der gesuchten Punkte durch Vergleich mit den Koordinaten der vorgegebenen Punkte bestimmen.

Aufgabe 3b

- Die Länge ist der Betrag des Differenzvektors der Eckpunkte der Kante.

Aufgabe 3c

- Welche Koordinate ist bei der Höhe über der Grundfläche zu betrachten? Vergleichen Sie diese Koordinaten bei den Punkten P, G und H.
- Beachten Sie die Länge der Antenne.

Aufgabe 3d

- Der Mittelpunkt M der Strecke $\overline{P_1P_2}$ mit $P_1(x_1|y_1|z_1)$ und $P_2(x_2|y_2|z_2)$ kann bestimmt werden durch die Formel: $\vec{m} = \frac{1}{2} \cdot (\vec{p}_1 + \vec{p}_2) = \frac{1}{2} \cdot \begin{pmatrix} x_1 + x_2 \\ y_1 + y_2 \\ z_1 + z_2 \end{pmatrix}$
- Überlegen Sie, welche Bedeutung es für die Koordinaten des Strahlers S hat, wenn sich der Strahler 1 m oberhalb der Mitte befindet.

Aufgabe 4a

- Der Abstand zweier Punkte ist gleich dem Betrag des Differenzvektors dieser Punkte.
- Der Betrag des Differenzvektors zweier Punkte $P_1(x_1|y_1|z_1)$ und $P_2(x_2|y_2|z_2)$ wird berechnet durch die Formel:

$$|\overrightarrow{P_1P_2}| = |\vec{p}_2 - \vec{p}_1| = \left| \begin{pmatrix} x_2 - x_1 \\ y_2 - y_1 \\ z_2 - z_1 \end{pmatrix} \right| = \sqrt{(x_2 - x_1)^2 + (y_2 - y_1)^2 + (z_2 - z_1)^2}$$

- Denken Sie an die Umkehrung des Satzes des Pythagoras.

Aufgabe 4b

- Überlegen Sie, welcher Vektor den Punkt P_1 in den Ursprung verschiebt.
- Ein Punkt P wird verschoben, indem man den Ortsvektor des Punktes P und den Verschiebungsvektor addiert.

Aufgabe 4c

- Aus Teilaufgabe a wissen Sie, wo der rechte Winkel im Dreieck ist.
- Die gegenüberliegenden Seiten eines Quadrates sind parallel und gleich lang.
- Welche Vektoren muss man zu P_1 (P_2, P_3) addieren, um P_4 zu erhalten?

Lösung

Aufgabe 1

a)

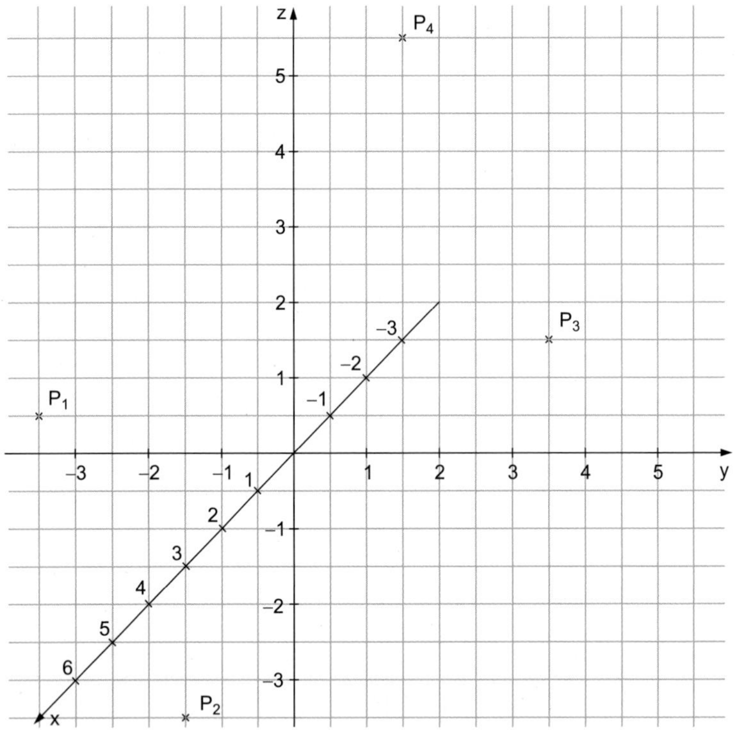

b) $|\overrightarrow{P_1P_2}| = |\vec{p}_2 - \vec{p}_1| = \left|\begin{pmatrix}5\\1\\-1\end{pmatrix} - \begin{pmatrix}1\\-3\\1\end{pmatrix}\right| = \left|\begin{pmatrix}4\\4\\-2\end{pmatrix}\right| = \sqrt{4^2+4^2+(-2)^2} = \sqrt{36} = 6\,[\text{LE}]$

$|\overrightarrow{P_3P_4}| = |\vec{p}_4 - \vec{p}_3| = \left|\begin{pmatrix}-1\\1\\5\end{pmatrix} - \begin{pmatrix}3\\5\\3\end{pmatrix}\right| = \left|\begin{pmatrix}-4\\-4\\2\end{pmatrix}\right| = \sqrt{(-4)^2+(-4)^2+2^2} = \sqrt{36} = 6\,[\text{LE}]$

$|\overrightarrow{P_2P_4}| = |\vec{p}_4 - \vec{p}_2| = \left|\begin{pmatrix}-1\\1\\5\end{pmatrix} - \begin{pmatrix}5\\1\\-1\end{pmatrix}\right| = \left|\begin{pmatrix}-6\\0\\6\end{pmatrix}\right| = \sqrt{(-6)^2+6^2} = \sqrt{72} = 6\sqrt{2}\,[\text{LE}]$

$|\overrightarrow{P_1P_3}| = |\vec{p}_3 - \vec{p}_1| = \left|\begin{pmatrix}3\\5\\3\end{pmatrix} - \begin{pmatrix}1\\-3\\1\end{pmatrix}\right| = \left|\begin{pmatrix}2\\8\\2\end{pmatrix}\right| = \sqrt{2^2+8^2+2^2} = \sqrt{72} = 6\sqrt{2}\,[\text{LE}]$

Betrachtet man die Lage der Punkte im Koordinatensystem, so stellt man fest, dass die gegenüberliegenden Seiten $\overline{P_1P_2}$ und $\overline{P_3P_4}$ und auch die beiden Diagonalen $\overline{P_2P_4}$ und $\overline{P_1P_3}$ des Vierecks gleich lang sind. Bei dem Viereck handelt es sich somit um ein Rechteck.

Zu untersuchen ist noch, ob das Rechteck ein Quadrat ist:

1. Lösungsmöglichkeit: Berechnung der anderen beiden Seitenlängen

$$|\overrightarrow{P_2P_3}| = |\vec{p}_3 - \vec{p}_2| = \left|\begin{pmatrix}3\\5\\3\end{pmatrix} - \begin{pmatrix}5\\1\\-1\end{pmatrix}\right| = \left|\begin{pmatrix}-2\\4\\4\end{pmatrix}\right| = \sqrt{(-2)^2+4^2+4^2} = \sqrt{36} = 6\,[\text{LE}]$$

$$|\overrightarrow{P_1P_4}| = |\vec{p}_4 - \vec{p}_1| = \left|\begin{pmatrix}-1\\1\\5\end{pmatrix} - \begin{pmatrix}1\\-3\\1\end{pmatrix}\right| = \left|\begin{pmatrix}-2\\4\\4\end{pmatrix}\right| = \sqrt{(-2)^2+4^2+4^2} = \sqrt{36} = 6\,[\text{LE}]$$

Da alle Seiten des Rechtecks gleich lang sind, handelt es sich um ein Quadrat.

2. Lösungsmöglichkeit: Begründung über die Diagonalenlänge
Allgemein gilt: In einem Quadrat mit der Seitenlänge a beträgt die Länge der Diagonalen $a\sqrt{2}$. Das Rechteck hat die Seitenlänge 6 und die Diagonalenlänge $6\sqrt{2}$. Somit trifft diese Bedingung für das Rechteck zu und es handelt sich daher um ein Quadrat.

Aufgabe 2

a) Den Koordinaten des Punktes G entnimmt man, da die Kantenlängen beim Würfel alle gleich lang sind, dass der Würfel die Kantenlänge 4 hat.

Die Eckpunkte A, B, C und D liegen in der Grundfläche, die z-Koordinate ist somit gleich 0. Damit erhält man folgende Koordinaten:

A(0 | 0 | 0), B(4 | 0 | 0), C(4 | 4 | 0) und D(0 | 4 | 0)

Die Koordinaten der anderen Eckpunkte erhält man, indem man die Eckpunkte der Grundfläche um den Vektor $\vec{v} = \begin{pmatrix}0\\0\\4\end{pmatrix}$ verschiebt:

E(0 | 0 | 4), F(4 | 0 | 4), G(4 | 4 | 4) und H(0 | 4 | 4)

b) Bei einer senkrechten Pyramide trifft das Lot von der Spitze die Grundfläche in der Mitte. Der Mittelpunkt ist der Schnittpunkt der Diagonalen des Quadrates EFGH; die Diagonalen im Quadrat halbieren einander. Der Mittelpunkt M der Strecke $\overline{P_1P_2}$ mit $P_1(x_1 | y_1 | z_1)$ und $P_2(x_2 | y_2 | z_2)$ kann bestimmt werden durch die Formel:

$$\vec{m} = \frac{1}{2}\cdot(\vec{p}_1 + \vec{p}_2) = \frac{1}{2}\cdot\begin{pmatrix}x_1+x_2\\y_1+y_2\\z_1+z_2\end{pmatrix}$$

$$\vec{m} = \frac{1}{2}\cdot(\vec{e} + \vec{g}) = \frac{1}{2}\cdot\begin{pmatrix}0+4\\0+4\\4+4\end{pmatrix} = \begin{pmatrix}2\\2\\4\end{pmatrix}$$

Alternativ:

Den Ortsvektor des Mittelpunktes erhält man auch als Vektorkette, z. B.:

$$\vec{m} = \vec{e} + \frac{1}{2} \cdot \overrightarrow{EF} + \frac{1}{2} \cdot \overrightarrow{EH} = \begin{pmatrix} 0 \\ 0 \\ 4 \end{pmatrix} + \frac{1}{2} \cdot \begin{pmatrix} 4 \\ 0 \\ 0 \end{pmatrix} + \frac{1}{2} \cdot \begin{pmatrix} 0 \\ 4 \\ 0 \end{pmatrix} = \begin{pmatrix} 2 \\ 2 \\ 4 \end{pmatrix}$$

Die Spitze der Pyramide liegt 3 Einheiten senkrecht oberhalb von M. Durch Antragen des Vektors $\vec{u} = \begin{pmatrix} 0 \\ 0 \\ 3 \end{pmatrix}$ an den Mittelpunkt M erhält man den Ortsvektor von S:

$$\vec{s} = \vec{m} + \begin{pmatrix} 0 \\ 0 \\ 3 \end{pmatrix} = \begin{pmatrix} 2 \\ 2 \\ 4 \end{pmatrix} + \begin{pmatrix} 0 \\ 0 \\ 3 \end{pmatrix} = \begin{pmatrix} 2 \\ 2 \\ 7 \end{pmatrix}$$

Die Mantelfläche besteht aus 4 gleichschenkligen, kongruenten Dreiecken. Im gleichschenkligen Dreieck ist die Höhe zur Basis zugleich die Mittelsenkrechte.

Bestimmt man z. B. den Mittelpunkt M_{EF} der Kante [EF], so folgt:

$$\vec{m}_{EF} = \frac{1}{2} \cdot (\vec{e} + \vec{f}) = \frac{1}{2} \cdot \begin{pmatrix} 0+4 \\ 0+0 \\ 4+4 \end{pmatrix} = \begin{pmatrix} 2 \\ 0 \\ 4 \end{pmatrix}$$

Die Höhe h_d des Dreiecks ist gleich dem Abstand der Punkte M_{EF} und S.

$$h_d = |\overrightarrow{M_{EF}S}| = |\vec{s} - \vec{m}_{EF}| = \left| \begin{pmatrix} 2 \\ 2 \\ 7 \end{pmatrix} - \begin{pmatrix} 2 \\ 0 \\ 4 \end{pmatrix} \right| = \left| \begin{pmatrix} 0 \\ 2 \\ 3 \end{pmatrix} \right| = \sqrt{2^2 + 3^2} = \sqrt{13}\ [\text{LE}]$$

Der Flächeninhalt eines Dreiecks berechnet sich nach der Formel: $A = 0{,}5 \cdot g \cdot h$

Mit der Höhe $h_d = \sqrt{13}$ LE und der Grundseitenlänge von 4 LE erhält man:

$M = 4 \cdot 0{,}5 \cdot 4 \cdot \sqrt{13} = 8 \cdot \sqrt{13}\ [\text{FE}]$

Aufgabe 3

a) Die Grundfläche, die Vorder- und die Rückseite der Halle sind rechteckig.

Vergleich der Koordinaten ergibt:
Der Punkt D liegt in der Grundfläche und hat somit die z-Koordinate 0. Die x- und y-Koordinaten stimmen mit H überein.
$\Rightarrow$ D(14|–12|0)

Der Punkt F hat die gleichen x- und y-Koordinaten wie der Punkt B und die gleiche Höhe wie E.
$\Rightarrow$ F(26|22|5)

Der Punkt G hat die gleiche Höhe wie H und die gleichen x- und y-Koordinaten wie der Punkt C.
$\Rightarrow$ G(38|6|9)

Alternativ:

$$\vec{d} = \vec{a} + \overrightarrow{BC} = \begin{pmatrix} 2 \\ 4 \\ 0 \end{pmatrix} + \begin{pmatrix} 12 \\ -16 \\ 0 \end{pmatrix} = \begin{pmatrix} 14 \\ -12 \\ 0 \end{pmatrix}$$

$$\vec{f} = \vec{e} + \overrightarrow{AB} = \begin{pmatrix} 2 \\ 4 \\ 5 \end{pmatrix} + \begin{pmatrix} 24 \\ 18 \\ 0 \end{pmatrix} = \begin{pmatrix} 26 \\ 22 \\ 5 \end{pmatrix}$$

$$\vec{g} = \vec{h} + \overrightarrow{AB} = \begin{pmatrix} 14 \\ -12 \\ 9 \end{pmatrix} + \begin{pmatrix} 24 \\ 18 \\ 0 \end{pmatrix} = \begin{pmatrix} 38 \\ 6 \\ 9 \end{pmatrix}$$

b) Die Länge der Dachkante [EH] ist gleich der Länge des Vektors $\overrightarrow{EH}$:

$$|\overrightarrow{EH}| = |\vec{h} - \vec{e}| = \left| \begin{pmatrix} 14 \\ -12 \\ 9 \end{pmatrix} - \begin{pmatrix} 2 \\ 4 \\ 5 \end{pmatrix} \right| = \left| \begin{pmatrix} 12 \\ -16 \\ 4 \end{pmatrix} \right| = \sqrt{12^2 + (-16)^2 + 4^2}$$

$$= \sqrt{144 + 256 + 16} = \sqrt{416} > \sqrt{400} = 20$$

Die Dachkante [EH] ist also länger als 20 m.

c) Die z-Koordinate gibt die Höhe über der Grundfläche an. Der Dachfirst ist die oberste waagrechte Kante des geneigten Daches.

Da die Antenne senkrecht zur Grundfläche steht, müssen nur die z-Koordinaten der Punkte P (Punkt, in dem die Antenne errichtet wurde), G und H (Punkte des Dachfirsts) sowie die Länge der Antenne betrachtet werden.

Der Punkt P befindet sich in einer Höhe von 8 m über der Grundfläche, die Spitze der Antenne dann 13 m (= 8 m + 5 m) über der Grundfläche. Da sich der Dachfirst 9 m über der Grundfläche befindet (da die z-Koordinate von G bzw. H 9 ist), überragt die Antenne den Dachfirst um 4 m (= 13 m – 9 m).

d) $$\vec{m}_{GH} = \frac{1}{2} \cdot (\vec{g} + \vec{h}) = \frac{1}{2} \cdot \left[\begin{pmatrix} 38 \\ 6 \\ 9 \end{pmatrix} + \begin{pmatrix} 14 \\ -12 \\ 9 \end{pmatrix} \right] = \begin{pmatrix} 26 \\ -3 \\ 9 \end{pmatrix}$$

Durch Verschieben des Mittelpunktes um den Vektor $\begin{pmatrix} 0 \\ 0 \\ 1 \end{pmatrix}$ erhält man die Position des Außenstrahlers S.

$$\vec{s} = \begin{pmatrix} 26 \\ -3 \\ 9 \end{pmatrix} + \begin{pmatrix} 0 \\ 0 \\ 1 \end{pmatrix} = \begin{pmatrix} 26 \\ -3 \\ 10 \end{pmatrix}$$

Der Strahler S hat die Koordinaten S(26 | –3 | 10).

Aufgabe 4

a) $|\overrightarrow{P_1P_2}| = |\vec{p}_2 - \vec{p}_1| = \left|\begin{pmatrix}7\\0\\0\end{pmatrix} - \begin{pmatrix}1\\2\\-3\end{pmatrix}\right| = \left|\begin{pmatrix}6\\-2\\3\end{pmatrix}\right| = \sqrt{6^2+(-2)^2+3^2} = \sqrt{49} = 7\,[\text{LE}]$

$|\overrightarrow{P_1P_3}| = |\vec{p}_3 - \vec{p}_1| = \left|\begin{pmatrix}4\\8\\-5\end{pmatrix} - \begin{pmatrix}1\\2\\-3\end{pmatrix}\right| = \left|\begin{pmatrix}3\\6\\-2\end{pmatrix}\right| = \sqrt{3^2+6^2+(-2)^2} = \sqrt{49} = 7\,[\text{LE}]$

$|\overrightarrow{P_2P_3}| = |\vec{p}_3 - \vec{p}_2| = \left|\begin{pmatrix}4\\8\\-5\end{pmatrix} - \begin{pmatrix}7\\0\\0\end{pmatrix}\right| = \left|\begin{pmatrix}-3\\8\\-5\end{pmatrix}\right| = \sqrt{(-3)^2+8^2+(-5)^2} = \sqrt{98}\,[\text{LE}]$

Es gilt die Umkehrung des Satzes des Pythagoras:

$$|\overrightarrow{P_1P_2}|^2 + |\overrightarrow{P_1P_3}|^2 = |\overrightarrow{P_2P_3}|^2$$

$$7^2 + 7^2 = (\sqrt{98})^2$$

$$49 + 49 = 98$$

$$98 = 98 \checkmark$$

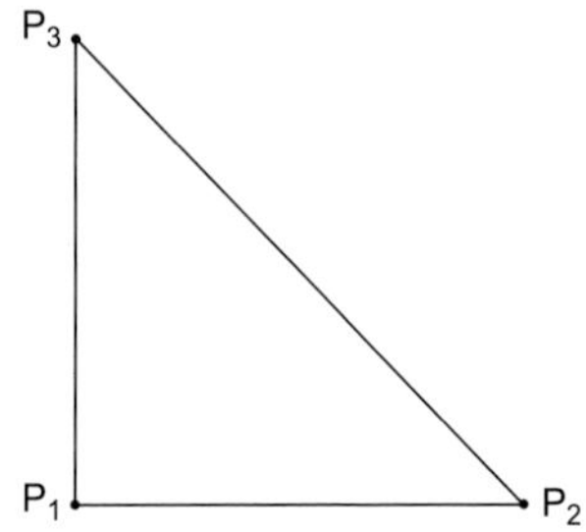

Das Dreieck ist somit rechtwinklig mit einem rechten Winkel bei P_1.

b) Alle Punkte müssen um den Gegenvektor des Ortsvektors von P_1 verschoben werden.

$\vec{p}_1' = \vec{p}_1 - \vec{p}_1 = \begin{pmatrix}0\\0\\0\end{pmatrix} \Rightarrow P_1'(0|0|0)$

$\vec{p}_2' = \vec{p}_2 - \vec{p}_1 = \begin{pmatrix}7\\0\\0\end{pmatrix} - \begin{pmatrix}1\\2\\-3\end{pmatrix} = \begin{pmatrix}6\\-2\\3\end{pmatrix} \Rightarrow P_2'(6|-2|3)$

$\vec{p}_3' = \vec{p}_2 - \vec{p}_1 = \begin{pmatrix}4\\8\\-5\end{pmatrix} - \begin{pmatrix}1\\2\\-3\end{pmatrix} = \begin{pmatrix}3\\6\\-2\end{pmatrix} \Rightarrow P_3'(3|6|-2)$

c) Der rechte Winkel des Dreiecks liegt im Punkt P_1 an. Den Ortsvektor des Punktes P_4 erhält man somit, indem man

- an P_3 den Vektor $\overrightarrow{P_1P_2}$ anträgt ($\overrightarrow{P_1P_2}$ siehe Aufgabenteil a):

$\vec{p}_4 = \begin{pmatrix}4\\8\\-5\end{pmatrix} + \begin{pmatrix}6\\-2\\3\end{pmatrix} = \begin{pmatrix}10\\6\\-2\end{pmatrix} \Rightarrow P_4(10|6|-2)$

oder:

- an P_2 den Vektor $\overrightarrow{P_1P_3}$ anträgt ($\overrightarrow{P_1P_3}$ siehe Aufgabenteil a):

$$\vec{p}_4 = \begin{pmatrix} 7 \\ 0 \\ 0 \end{pmatrix} + \begin{pmatrix} 3 \\ 6 \\ -2 \end{pmatrix} = \begin{pmatrix} 10 \\ 6 \\ -2 \end{pmatrix} \Rightarrow P_4(10|6|-2)$$

oder:

- den Mittelpunkt M der Strecke $[P_2P_3]$ bestimmt und anschließend an P_1 das Doppelte des Vektors $\overrightarrow{P_1M}$ anträgt:

$$\vec{m} = \frac{1}{2} \cdot \left[\begin{pmatrix} 7 \\ 0 \\ 0 \end{pmatrix} + \begin{pmatrix} 4 \\ 8 \\ -5 \end{pmatrix} \right] = \begin{pmatrix} 5{,}5 \\ 4 \\ -2{,}5 \end{pmatrix}$$

$$\vec{p}_4 = \vec{p}_1 + 2 \cdot \overrightarrow{P_1M} = \begin{pmatrix} 1 \\ 2 \\ -3 \end{pmatrix} + 2 \cdot \left[\begin{pmatrix} 5{,}5 \\ 4 \\ -2{,}5 \end{pmatrix} - \begin{pmatrix} 1 \\ 2 \\ -3 \end{pmatrix} \right] = \begin{pmatrix} 1 \\ 2 \\ -3 \end{pmatrix} + 2 \cdot \begin{pmatrix} 4{,}5 \\ 2 \\ 0{,}5 \end{pmatrix}$$

$$= \begin{pmatrix} 1 \\ 2 \\ -3 \end{pmatrix} + \begin{pmatrix} 9 \\ 4 \\ 1 \end{pmatrix} = \begin{pmatrix} 10 \\ 6 \\ -2 \end{pmatrix} \Rightarrow P_4(10|6|-2)$$

Übungsaufgaben Analysis
– mit GTR –

Aufgabe 1

Gegeben ist die Funktion f mit $f(x) = \frac{-8x^3 - 12x^2 + 90x - 81}{32}$.

a) Zeichnen Sie den Graphen von f mit dem GTR und bestimmen Sie anhand des Graphen die Extrempunkte. Überprüfen Sie Ihre Ergebnisse rechnerisch.

b) Zeigen Sie rechnerisch, dass die Tangente t an den Graphen der Funktion f im Punkt $P(-0{,}5\,|\,-4)$ die Gleichung $y = 3x - 2{,}5$ hat.

c) Bestimmen Sie mithilfe eines mathematischen Ansatzes die Gleichung der Senkrechten (Normalen) zur Tangente im Punkt P.

d) Die Tangente, die Normale und die x-Achse schließen ein Dreieck ein. Skizzieren Sie das Dreieck in Abbildung 1. Berechnen Sie den Flächeninhalt und die Innenwinkel des Dreiecks.

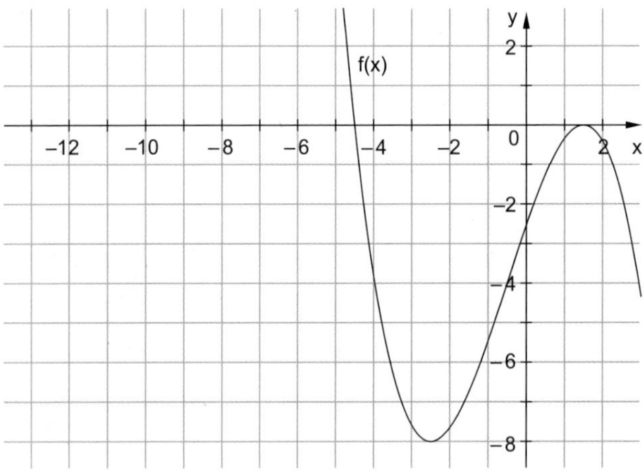

Abbildung 1

e) Der Graph der Funktion wird verändert. Dabei entsteht der Graph aus Abbildung 2. Der zugehörige Funktionsterm hat die Form $g(x) = b \cdot f(x) + c$. Bestimmen Sie b und c und begründen Sie Ihre Rechnung.

Hinweis: Um die Veränderungen des Graphen von g zu beobachten, können Sie mithilfe zweier Schieberegler für die Parameter b und c die Graphen variieren. Wählen Sie für b und c den Bereich [–3; 3].

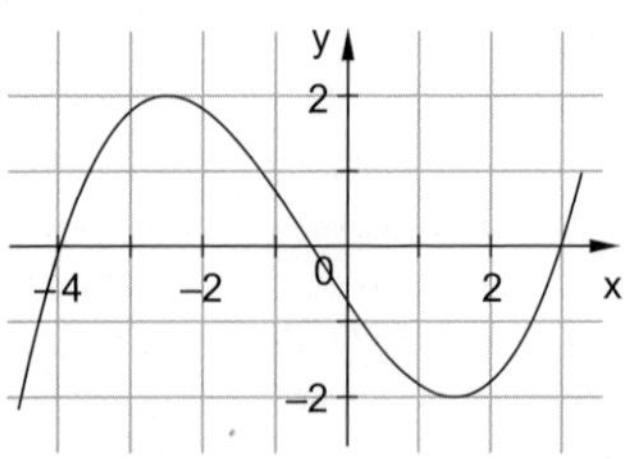

Abbildung 2

Aufgabe 2

Gegeben ist die Funktion $f(x)=\frac{2}{9}x^3-x^2+3$.
Der Graph der Funktion ist in nebenstehender Abbildung zu sehen.

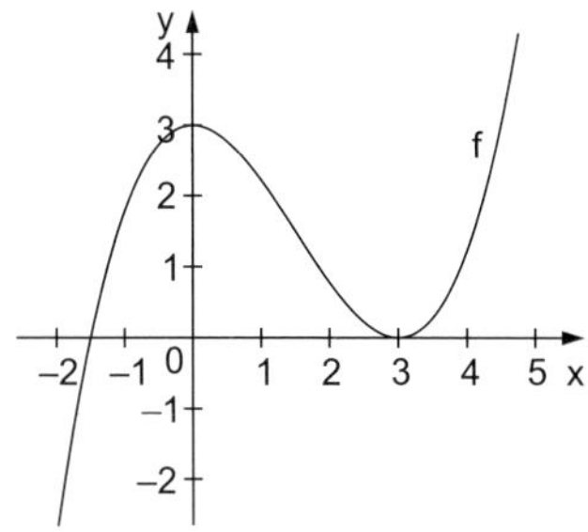

a) Zeigen Sie mithilfe eines rechnerischen Ansatzes, dass der Graph der Funktion f den Hochpunkt H(0 | 3) und den Tiefpunkt T(3 | 0) hat.

b) Bestimmen Sie rechnerisch den Punkt/die Punkte, an denen der Graph der Funktion die Steigung 12 hat.

c) Bestimmen Sie den Punkt P des Graphen, an dem der Graph der Funktion die minimale Steigung hat.

d) Weisen Sie nach, dass die Gerade mit der Gleichung $t(x)=\frac{8}{3}x+\frac{40}{9}$ eine Tangente an den Graphen der Funktion f ist. Geben Sie den Berührpunkt an.

e) Überprüfen Sie, ob der Punkt Q(−1,5 | −0,5) auf der Normalen zur Tangente im Punkt W(1,5 | 1,5) liegt.

f) Die Strecke zwischen dem Hochpunkt H und dem Tiefpunkt T ist die Diagonale eines Rechtecks, dessen Seiten parallel zu den Koordinatenachsen verlaufen. Das Rechteck wird durch eine Ursprungsgerade $y=m\cdot x$, $m<1$, in 2 Teilflächen, deren Flächeninhalte sich wie 2 : 1 verhalten, zerlegt. Bestimmen Sie die Gleichung der Ursprungsgerade.

g) Es ist $h(x)=k\cdot f(x)$ mit $k\geq 1$. Beschreiben Sie, wie sich der Faktor k auf die Lage des Hoch- und Tiefpunktes auswirkt, und begründen Sie dies rechnerisch.

Aufgabe 3

Nachstehende Abbildung zeigt einen Kartenausschnitt in einem geeigneten Koordinatensystem (1 LE ≙ 20 m). In der Abbildung ist ein Teil eines Sees, der Weg entlang des Sees und eine Badebucht zu sehen.
Der Weg kann durch den Graphen der Funktion $f(x)=\frac{1}{12}x^3+\frac{1}{2}x^2$, $x\in[-5;3]$, dargestellt werden.
Die Breite des Weges bleibt unberücksichtigt. Geht man, von Westen her kommend, in nördlicher Richtung den Weg entlang, so gelangt man zu einem Aussichtspunkt A, von dem aus man die Badebucht überblicken kann.
Der Aussichtspunkt A ist, bezogen auf die Umgebung, der Punkt, der am weitesten in nördlicher Richtung in den See ragt.

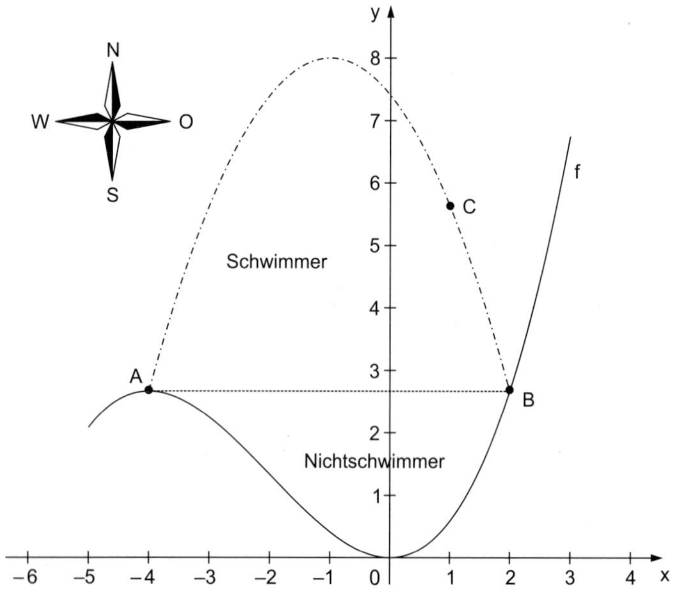

a) Bestimmen Sie mithilfe eines rechnerischen Ansatzes den nördlichsten Punkt.

b) Vom Aussichtspunkt A aus verläuft genau in östlicher Richtung die Abtrennung des Nichtschwimmerbereichs. Die Abtrennung hat eine Länge von 120 m. Begründen Sie rechnerisch, dass die Abtrennung genau bis zum Randweg reicht.

c) Berechnen Sie die größte Ausdehnung des Nichtschwimmerbereichs in S-N-Richtung (Angabe in Meter).

Zum Schutz der Schwimmer vor Booten bzw. Surfern ist auch der Schwimmerbereich nochmals vom See abgetrennt. Die Abtrennung hat die Form einer Parabel, sie beginnt beim Aussichtspunkt A und erstreckt sich über den Punkt $C\left(1 \,\middle|\, \frac{152}{27}\right)$ bis zum Punkt $B\left(2 \,\middle|\, \frac{8}{3}\right)$.

d) (1) Berechnen Sie die Gleichung einer Parabel p(x), deren Graph den Verlauf der Abtrennung angibt.

(2) Im Punkt $S\left(0 \,\middle|\, 7\frac{1}{3}\right)$ befindet sich ein Schwimmfloß. Überprüfen Sie, ob das Schwimmfloß im abgetrennten Schwimmerbereich liegt.

(3) Mia möchte vom südlichsten Punkt der Badebucht bis zum nördlichsten Punkt des Schwimmerbereichs schwimmen. Berechnen Sie die Entfernung, die Mia für das Hin- und Zurückschwimmen zurücklegt.
Hinweis: Falls Sie bei Aufgabenteil a keine Lösung herausbekommen haben, wählen Sie für p die Funktion $p(x) = -\frac{16}{27}x^2 - \frac{32}{27}x + \frac{200}{27}$.

Aufgabe 4

Eine Trinkwassertalsperre wird durch mehrere Zuflüsse gespeist. Gleichzeitig wird Wasser entnommen, aufbereitet und dem Trinkwassernetz zugeführt. Die Zuflussrate* ($z(t)$ in $5\,000 \frac{m^3}{\text{Woche}}$, t in Wochen) kann dargestellt werden durch die Funktion

$z(t) = \frac{1}{10}t^3 - \frac{9}{10}t^2 + t + 4, \; t \in [0; 7].$

Die Aufgaben a–c beziehen sich auf den betrachteten 7-wöchigen Zeitraum.

a) Zeichnen Sie den Graphen der Funktion und bestimmen Sie das Zeitintervall, in dem mehr Wasser zufließt als entnommen wird.

b) Bestimmen Sie den Zeitpunkt, zu dem sich am wenigsten Wasser in der Talsperre befindet.

c) Bestimmen Sie mithilfe eines rechnerischen Ansatzes den Zeitpunkt, zu dem sich die Wassermenge in der Talsperre am stärksten verringert.

Zur Untersuchung der Wasserqualität soll an verschiedenen Stellen eine bestimmte Anzahl Wasserproben entnommen und untersucht werden. Vorgesehen ist hierzu ein Zeitraum von 7 Tagen. Der prozentuale Anteil der zum Zeitpunkt t durchgeführten Wasserproben kann durch die Funktion $f(t) = \frac{1}{100} \cdot (t^3 - 8t^2 + 25t), \; t \in [0; t_e]$, dargestellt werden.
t_e stellt den Zeitpunkt dar, an dem die Untersuchung beendet ist.

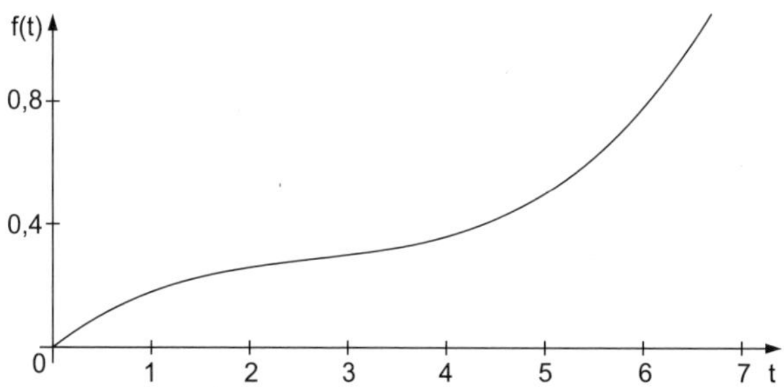

d) Weisen Sie rechnerisch nach, dass der prozentuale Anteil der durchgeführten Untersuchungen ständig zunimmt.

e) Weisen Sie rechnerisch nach, dass die Untersuchungen am letzten vorgesehenen Untersuchungstag beendet werden.

f) Ein Mitarbeiter behauptet: „Wenn wir in dem gleichen Tempo wie zu Beginn des 6. Untersuchungstages ($t = 5$) weiterarbeiten, dann würden wir mit den Untersuchungen ebenfalls im vorgesehenen Zeitraum fertig werden.“ Überprüfen Sie diese Behauptung rechnerisch.

* Eine negative Zuflussrate bedeutet, dass der Talsperre mehr Wasser entnommen wird als zufließt.

Hinweise und Tipps

Aufgabe 1 a

- Die notwendige Bedingung für Extremstellen lautet: $f'(x) = 0$
- Die hinreichende Bedingung für eine Minimumstelle (Maximumstelle) ist ein „–/+“-Vorzeichenwechsel („+/–“-Vorzeichenwechsel) der 1. Ableitungsfunktion an der möglichen Extremstelle.

Aufgabe 1 b

- Die Steigung der Tangente im Punkt P ist gleich der Steigung des Graphen in P.
- Die 1. Ableitungsfunktion gibt die Steigung des Graphen an.
- Die allgemeine Normalform der Geradengleichung lautet $y = m \cdot x + b$.
- Bestimmen Sie die Gleichung der Tangente mithilfe der Koordinaten des Punktes P und der Steigung des Graphen im Punkt P.

Aufgabe 1 c

- Die Steigungen senkrecht aufeinander stehender Geraden erfüllen die Gleichung $m_1 \cdot m_2 = -1$.
- Bestimmen Sie die Gleichung der Senkrechten (Normalen) mithilfe der Koordinaten des Punktes P und der Steigung des Graphen im Punkt P.

Aufgabe 1 d

- Der Flächeninhalt eines Dreiecks berechnet sich nach der Formel $A = \frac{1}{2} \cdot g \cdot h$.
- Bestimmen Sie zur Berechnung der Länge der Grundseite die Nullstellen von Tangente und Normale.
- Das Lot vom Punkt P auf die x-Achse ist die Höhe des Dreiecks.
- Beachten Sie, dass der Punkt P unterhalb der x-Achse liegt.
- Der Schnittwinkel einer Geraden mit der x-Achse kann durch die Gleichung $m = \tan \alpha$ berechnet werden.
- Beachten Sie, dass negative Winkel den Schnittwinkel zwischen x-Achse und Gerade im Uhrzeigersinn angeben.

Aufgabe 1 e

- Überlegen Sie, ob eine Verschiebung in Richtung der x-Achse stattgefunden hat.
- Bestimmen Sie c, indem Sie die Veränderung der Lage vom Hochpunkt von f betrachten.
- Bestimmen Sie b, indem Sie die Veränderung der Lage vom Tiefpunkt von f betrachten.

Aufgabe 2 a

- Berechnen Sie mit der notwendigen Bedingung für Extremstellen $f'(x)=0$ die Extremstellen.
- Beachten Sie die hinreichende Bedingung für eine Minimum- („–/+“-Vorzeichenwechsel) bzw. eine Maximumstelle („+/–“-Vorzeichenwechsel).
- Berechnen Sie die Funktionswerte an den Extremstellen.

Aufgabe 2 b

- Beachten Sie, dass die Funktionswerte der 1. Ableitungsfunktion die Steigung des Graphen der Funktion an der Stelle x angeben.
- Bestimmen Sie mithilfe der 1. Ableitung die Stellen mit der Steigung 12.
- Berechnen Sie die Funktionswerte.

Aufgabe 2 c

- Die Steigung einer Funktion wird durch die 1. Ableitungsfunktion angegeben.
- Die Stelle mit der minimalen Steigung ist die Minimumstelle der 1. Ableitungsfunktion a(x).
- Die notwendige Bedingung für Extremstellen ist $a'(x)=0$.
- Die hinreichende Bedingung für eine Minimumstelle ist $a'(x)=0$ sowie ein „–/+“-Vorzeichenwechsel.
- Berechnen Sie mithilfe der Funktion f den Funktionswert an der Extremstelle der 1. Ableitungsfunktion a.

Aufgabe 2 d

- Berühren sich die Graphen zweier Funktionen im Punkt B, so sind dort die Funktionswerte und die Steigungen gleich.
- Bestimmen Sie die gemeinsamen Punkte der Gerade und des Graphen der Funktion f.
- Überprüfen Sie, ob an den gemeinsamen Stellen die Steigung gleich ist.
- Berechnen Sie, sofern die gleiche Steigung vorliegt, den Funktionswert an dieser Stelle.

Aufgabe 2 e

- Bestimmen Sie die Steigung des Graphen im Punkt W.
- Die Normale und die Tangente im Punkt W stehen senkrecht aufeinander; es gilt somit $m_n \cdot m_t = -1$.
- Setzen Sie die berechnete Steigung sowie die Koordinaten des Punktes W in die Normalform der Geradengleichung $y = m \cdot x + b$ ein.
- Setzen Sie $x=-1{,}5$ in die Gleichung der Normalen ein und vergleichen Sie das Ergebnis mit der gegebenen y-Koordinate von Q.

Aufgabe 2 f

- Bestimmen Sie die anderen Eckpunkte des Rechtecks und berechnen Sie dessen Flächeninhalt.
- Überlegen Sie, auf welcher Seite die Ursprungsgerade das Rechteck im Punkt P schneidet, und bestimmen Sie den Flächeninhalt der Teilflächen.
- Beachten Sie die besondere Form der kleineren Teilfläche.
- Schließen Sie über die Form auf die Koordinaten von P.
- Mithilfe der Koordinaten von P können Sie die Steigung der Ursprungsgeraden ermitteln.

Aufgabe 2 g

- Variieren Sie den Graphen der Funktion h mithilfe eines Schiebereglers für den Faktor k und vergleichen Sie die Veränderung der Lage von Hoch- und Tiefpunkt.
- Berechnen Sie die möglichen Extremstellen der Funktion h und vergleichen Sie diese mit den Extremstellen der Funktion f.
- Überlegen Sie, welche Auswirkungen der Faktor k im Funktionsterm auf den Wert der y-Koordinate des Hoch- und Tiefpunktes hat.

Aufgabe 3 a

- Die notwendige Bedingung für eine Extremstelle ist: $f'(x)=0$
- Die hinreichende Bedingung für eine Maximumstelle ist $f'(x)=0$ und an der möglichen Extremstelle liegt ein „+/–“-Vorzeichenwechsel vor.
- Berechnen Sie den Funktionswert an der Maximumstelle.

Aufgabe 3 b

- Überlegen Sie, was es bedeutet, dass die Abgrenzung genau in östlicher Richtung verläuft.
- Beachten Sie, dass die Abgrenzung in A beginnt.
- Rechnen Sie die Länge um in Längeneinheiten.
- Bestimmen Sie mithilfe der y-Koordinate des Punktes A und der Länge der Abgrenzung die Koordinaten eines Punktes B.
- Überprüfen Sie, ob B auf dem Randweg liegt.

oder:

- Bestimmen Sie die Gleichung einer Parallelen zur x-Achse durch den Punkt A.
- Bestimmen Sie den Schnittpunkt dieser Parallelen mit dem Graphen der Funktion f.
- Berechnen Sie den Abstand des Schnittpunktes von A.
- Der Abstand zweier Punkte $P_1(x_1 \mid y_1)$ und $P_2(x_2 \mid y_2)$ kann mithilfe der Formel $d(P_1; P_2)=\sqrt{(x_1-x_2)^2+(y_1-y_2)^2}$ bestimmt werden.

Aufgabe 3 c

- Beachten Sie den Verlauf der Abgrenzung.
- Überlegen Sie, an welcher Stelle die größte S-N-Ausdehnung erreicht wird.
- Beachten Sie Ihr Ergebnis aus Teilaufgabe a.
- Die hinreichende Bedingung für eine Minimumstelle ist $f'(x)=0$ und an der möglichen Extremstelle liegt ein „–/+“-Vorzeichenwechsel vor.
- Berechnen Sie den Funktionswert an der Minimumstelle.
- Vergleichen Sie die berechneten Koordinaten mit der Gleichung, auf der die Abgrenzung liegt.
- Rechnen Sie die Entfernung um in Meter.

Aufgabe 3 d

- Die Normalform der Parabel lautet $p(x)=ux^2+vx+w$.
- Stellen Sie mithilfe der Koordinaten der Punkte A, B und C ein Gleichungssystem auf.
- Lösen Sie das entstehende Gleichungssystem.
- Berechnen Sie p(0).
- Vergleichen Sie diesen Funktionswert mit $7\frac{1}{3}$.

oder:

- Zeichnen Sie den Graphen von p(x) sowie S in ein Koordinatensystem und betrachten Sie die Lage von S in Bezug auf den Graphen von p(x).
- Die notwendige Bedingung für eine Extremstelle ist: $p'(x)=0$
- Die hinreichende Bedingung für eine Maximumstelle ist $p'(x)=0$ und an der möglichen Extremstelle liegt ein „+/–“-Vorzeichenwechsel vor.
- Berechnen Sie den Funktionswert an der Maximumstelle.
- Der Abstand zweier Punkte $P_1(x_1 \mid y_1)$ und $P_2(x_2 \mid y_2)$ kann mithilfe der Formel $d(P_1; P_2)=\sqrt{(x_1-x_2)^2+(y_1-y_2)^2}$ bestimmt werden.
- Berechnen Sie die Länge des Weges in Meter und verdoppeln Sie sie.

Aufgabe 4 a

- Beachten Sie, dass die Funktion die Zuflussrate darstellt.
- Überlegen Sie, in welchem Bereich der Graph der Funktion verläuft, wenn mehr Wasser zufließt als abfließt.

Aufgabe 4 b

- Beachten Sie die Ergebnisse von Teilaufgabe a.
- Denken Sie daran, dass im gesamten Zeitraum, in dem sich der Graph im negativen Bereich befindet, Wasser abfließt.

Aufgabe 4 c

- Überlegen Sie, was es bedeutet, dass sich die Wassermenge am stärksten verringert.
- Bestimmen Sie die Ableitung mit der Faktor- und der Summenregel.
- Notwendige Bedingung für eine Extremstelle: $z'(t) = 0$
- Hinreichende Bedingung für eine Minimumstelle: $z'(t) = 0$ und es liegt ein „–/+"-Vorzeichenwechsel vor.

Aufgabe 4 d

- Weisen Sie nach, dass die Funktion im Definitionsbereich keine Extremstellen hat.
- Berechnen Sie die Funktionswerte zu zwei verschiedenen Zeitpunkten.
- Begründen Sie mithilfe der nicht vorhandenen Extremstellen und der berechneten Funktionswerte das ständige Anwachsen.

oder:

- Überlegen Sie, mit welcher Funktion man das ständige Anwachsen nachweisen kann.
- Welchen Grad hat die Ableitungsfunktion $f'(t)$?
- Begründen Sie mithilfe der Lage des Scheitelpunktes und der Öffnung der Parabel das ständige Anwachsen.

Aufgabe 4 e

- Überlegen Sie, durch welche Zeitpunkte der letzte Tag festgelegt ist.
- Berechnen Sie die Funktionswerte zu diesen Zeitpunkten und vergleichen Sie sie mit dem Wert 100 %.

Aufgabe 4 f

- Berechnen Sie den Anteil der Untersuchungsergebnisse zu Beginn des 6. Untersuchungstages.
- Berechnen Sie den Anstieg der Untersuchungsergebnisse zu Beginn des 6. Untersuchungstages.
- Überlegen Sie, ob der Anstieg ausreicht, um die Untersuchung bis zum Ende des 7. Tages zu beenden, also 100 % zu erreichen.

Lösung

Aufgabe 1

a) Man zeichnet den Graphen der Funktion f und lässt sich die Extrempunkte anzeigen.

Der Graph der Funktion hat den relativen Hochpunkt H(1,5 | 0) und den relativen Tiefpunkt T(–2,5 | –8).

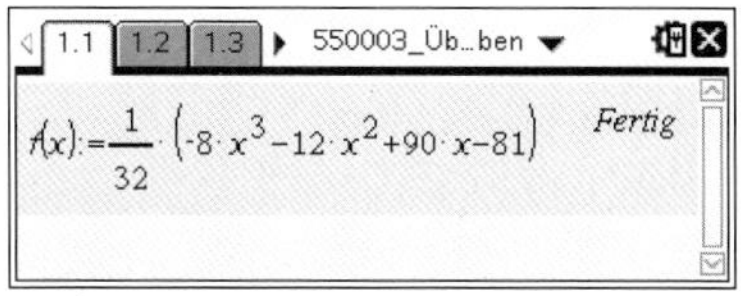

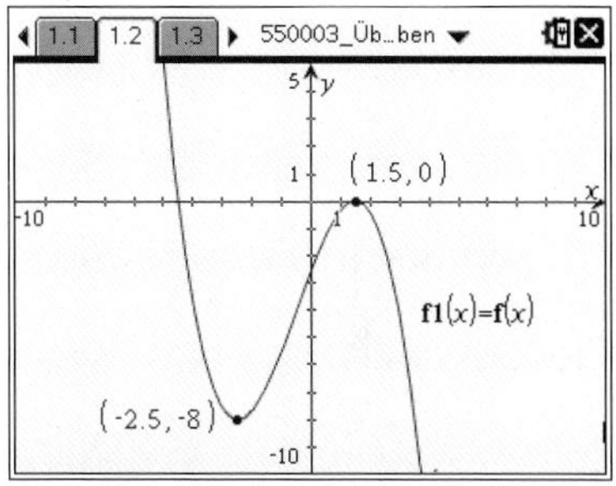

Die notwendige Bedingung für Extremstellen lautet: $a(x) = f'(x) = 0$

Definiert man die 1. Ableitungsfunktion a(x) der Funktion f(x) und berechnet die Nullstellen der Funktion a(x), so erhält man als mögliche Extremstellen $x = 1{,}5$ bzw. $x = -2{,}5$.

Hinweis: Auch mit dem Befehl *polyRoots(a(x),x)* erhält man beide Nullstellen. Aber nur, wenn man zuvor die Ableitung als „echte" Funktionsgleichung (und nicht über den Ableitungsbefehl) im GTR definiert.

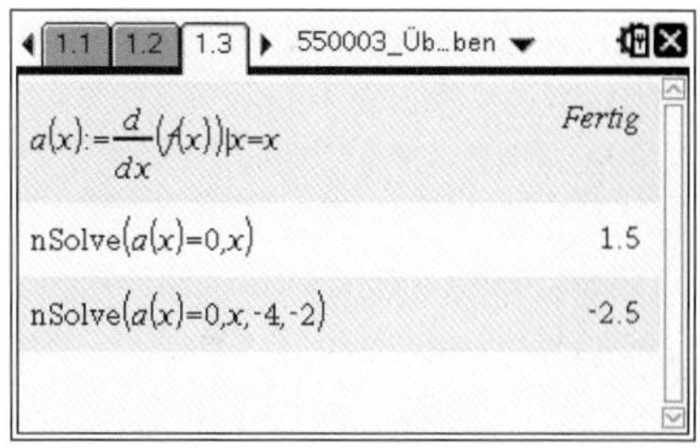

Die hinreichende Bedingung für eine Minimumstelle (Maximumstelle) ist, dass $f'(x) = 0$ ist und dass f' an der betreffenden Stelle einen „–/+"-Vorzeichenwechsel („+/–"-Vorzeichenwechsel) hat.

Die Funktion a(x) hat an der Stelle $x = -2{,}5$ einen „–/+"-Vorzeichenwechsel, weshalb $x = -2{,}5$ eine Minimumstelle ist.

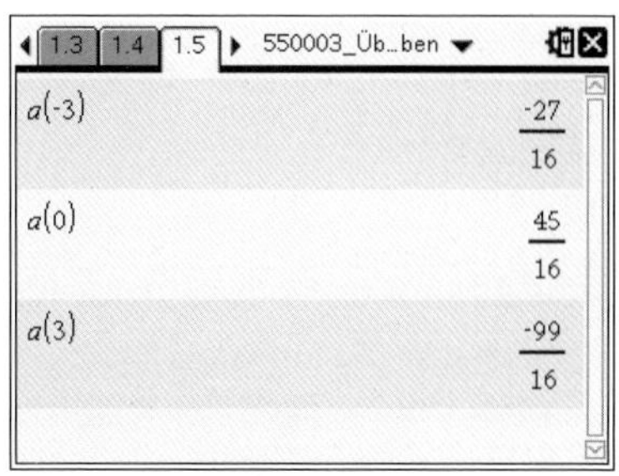

Da a(x) an der Stelle $x = 1{,}5$ einen „+/–"-Vorzeichenwechsel hat, ist $x = 1{,}5$ eine Maximumstelle.

Das Minimum bei x = –2,5 hat die y-Koordinate –8, das Maximum bei x = 1,5 hat die y-Koordinate 0.
Der Graph der Funktion hat den relativen Hochpunkt H(1,5 | 0) und den relativen Tiefpunkt T(–2,5 | –8).

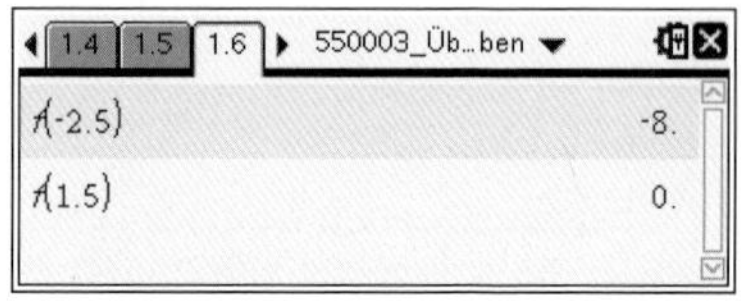

b) Die Steigung der Tangente im Punkt P ist gleich der Steigung des Graphen in P. Diese ist gleich dem Funktionswert der 1. Ableitungsfunktion an der Stelle x = –0,5.
Setzt man die Koordinaten des Punktes P und die berechnete Steigung des Graphen in P in die allgemeine Normalform der Geradengleichung $y = m \cdot x + b$ ein, so erhält man den y-Achsenabschnitt der Tangente. Die Gleichung der Tangente t im Punkt P lautet $y = 3x - 2{,}5$.

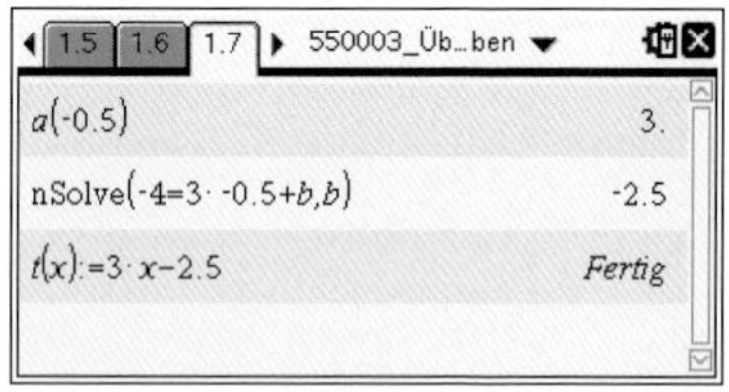

c) Für die Steigung zweier Geraden, die senkrecht aufeinander stehen, gilt $m_1 \cdot m_2 = -1$.

$$3 \cdot m_2 = -1 \quad \Rightarrow \quad m_2 = -\frac{1}{3}$$

Die Steigung der Senkrechten im Punkt P ist somit gleich $-\frac{1}{3}$.

Setzt man die Koordinaten des Punktes P und die berechnete Steigung des Graphen im Punkt P in die allgemeine Normalform der Geradengleichung $y = m \cdot x + b$ ein, so erhält man den y-Achsenabschnitt der Senkrechten.

$$-4 = -\frac{1}{3} \cdot (-0{,}5) + b \quad \Rightarrow \quad b = -\frac{25}{6}$$

Die Gleichung der Senkrechten n zur Tangente im Punkt P lautet:

$$y = -\frac{1}{3}x - \frac{25}{6}$$

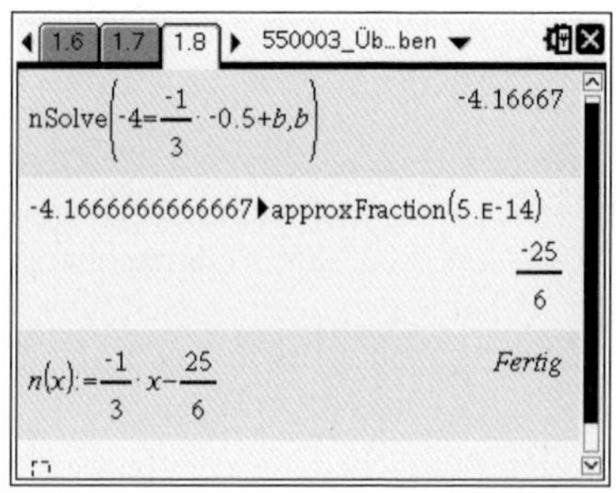

d) Das Dreieck ist festgelegt durch den Punkt P und die Schnittpunkte von Tangente und Normale mit der x-Achse (der Geraden y = 0).

Setzt man die Funktionsterme von Tangente und Normale gleich null, so erhält man die Schnittpunkte $S_1(\approx 0{,}833 \mid 0)$ und $S_2(-12{,}5 \mid 0)$.

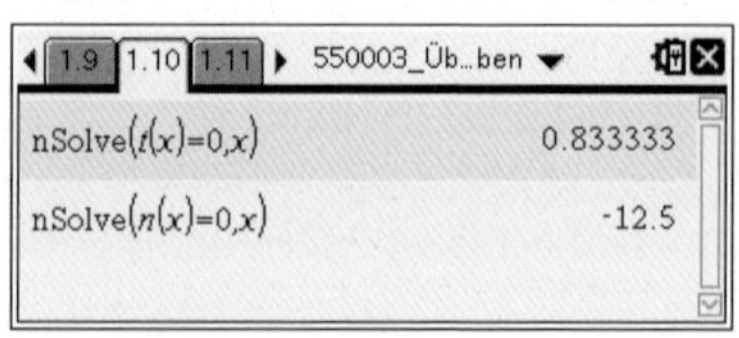

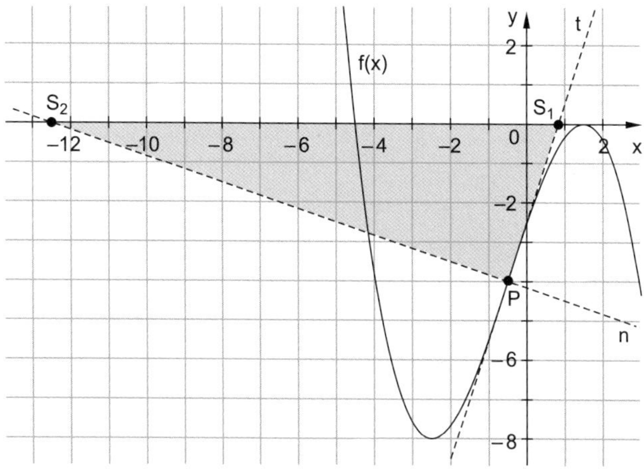

Der Flächeninhalt des Dreiecks berechnet sich nach der Formel $A = \frac{1}{2} \cdot g \cdot h$.

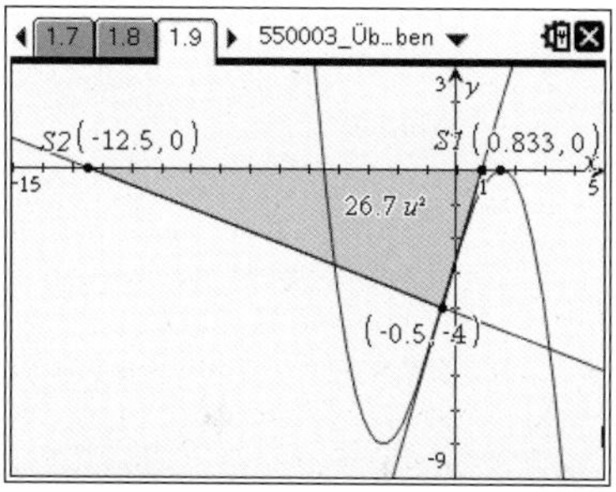

Die Länge der Grundseite ist gleich dem Abstand der Schnittpunkte S_1 und S_2, die Höhe gleich dem Betrag des y-Achsenabschnitts des Punktes P.

Der Flächeninhalt des Dreiecks beträgt etwa 26,67 [FE].

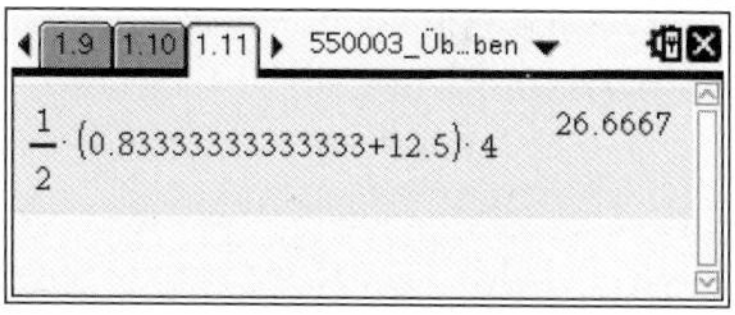

Hat eine Gerade die Steigung m, so kann über die Gleichung $m = \tan\alpha$ der Schnittwinkel der Geraden mit der x-Achse berechnet werden.
Ist der Winkel negativ, so ist dies der Winkel zwischen der x-Achse und der Geraden im Uhrzeigersinn.

Der Winkel des Dreiecks bei S_1 hat eine Größe von 71,57°.
Der Winkel des Dreiecks bei S_2 hat eine Größe von 18,43°.
Der Winkel des Dreiecks bei P ist mit 90° gegeben (die Normale steht senkrecht auf der Tangente).

e) Veränderungen mithilfe der Schiebe-regler zeigen, dass sowohl b als auch c negativ sein müssen.

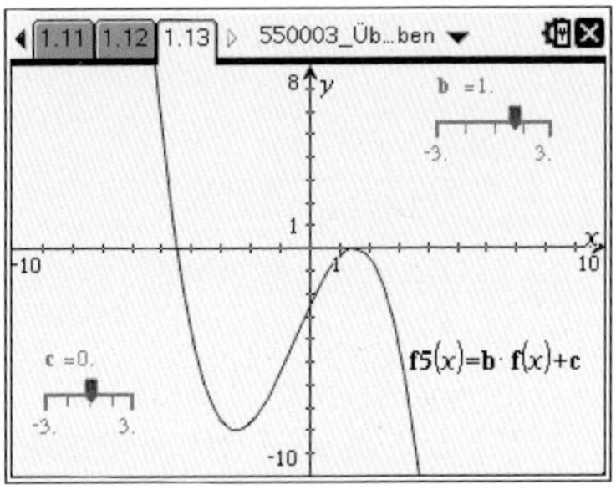

g(x) = f(x)

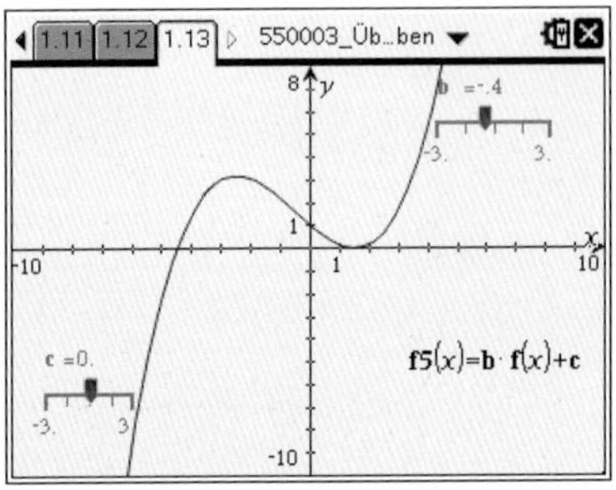

g(x) = −0,4 · f(x)

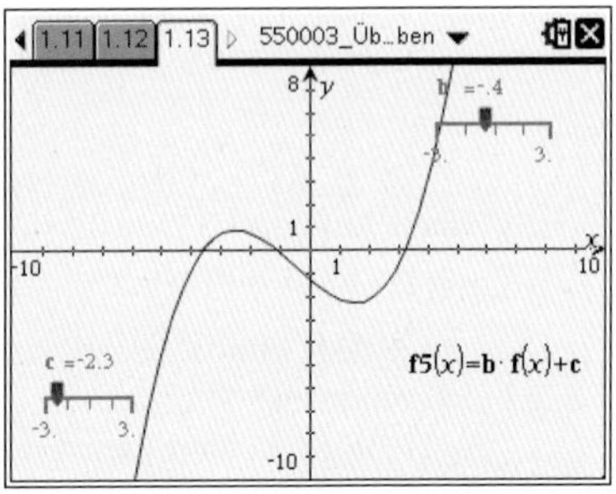

g(x) = −0,4 · f(x) − 2,3

Anhand des Terms f(x) im Funktionsterm der Funktion g erkennt man, dass keine Verschiebung in Richtung der x-Achse stattgefunden hat.

Für alle Punkte P(z | 0) auf der x-Achse gilt:
$g(z) = b \cdot f(z) + c = b \cdot 0 + c = c$

Der Punkt N(1,5 | 0) des Graphen der Funktion f wurde auf den Punkt N'(1,5 | –2) verschoben. Daher ist $c = -2$.

Aus dem relativen Tiefpunkt T(–2,5 | –8) wurde der relative Hochpunkt H'(–2,5 | 2) des Graphen der Funktion g. Damit gilt die Gleichung:

$2 = b \cdot f(-2{,}5) - 2$

$2 = b \cdot (-8) - 2$

$4 = -8b$

$b = -0{,}5$

Aufgabe 2

a) Die notwendige Bedingung für Extremstellen lautet: $f'(x) = 0$
Bildet man die 1. Ableitung mithilfe der Faktor- und Summenregel, so erhält man:

$$f'(x) = \frac{2}{3}x^2 - 2x$$

$$f'(0) = \frac{2}{3} \cdot 0^2 - 2 \cdot 0 = 0$$

$$f'(3) = \frac{2}{3} \cdot 3^2 - 2 \cdot 3 = 0$$

$x_1 = 0$ und $x_2 = 3$ sind somit als mögliche Extremstellen bestätigt.

Die hinreichende Bedingung für eine Extremstelle ist $f'(x) = 0$ und an der möglichen Extremstelle findet ein Vorzeichenwechsel statt.

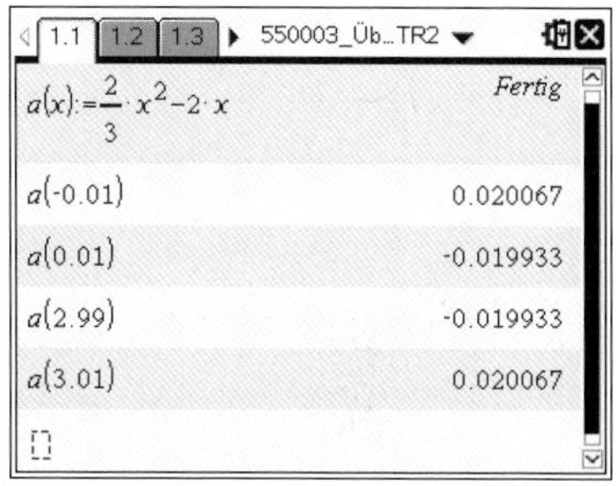

An der Stelle $x = 0$ liegt ein „+/–"-Vorzeichenwechsel und an der Stelle $x = 3$ ein „–/+"-Vorzeichenwechsel vor.

Nach Berechnung der Funktionswerte für die Extremstellen erhält man:
Der Graph hat den Hochpunkt $H(0\,|\,3)$ und den Tiefpunkt $T(3\,|\,0)$.

b) Gesucht sind die Stellen x, an denen die Ableitung $a(x) = f'(x)$ den Wert 12 annimmt.

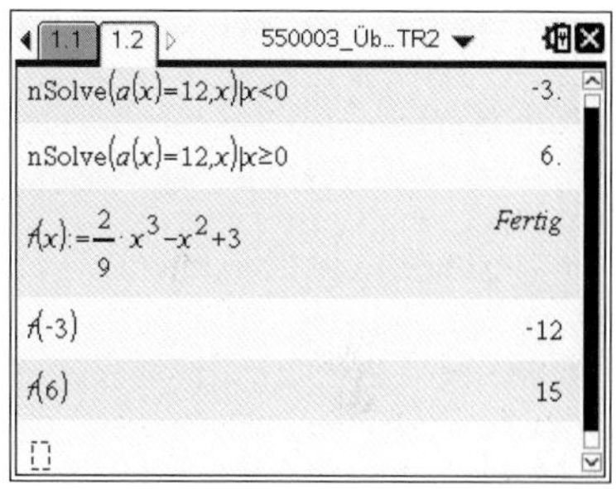

$a(x) = 12$

Löst man die entstehende Gleichung, so erhält man die Stellen $x = -3$ bzw. $x = 6$. Nach Berechnung der Funktionswerte an diesen Stellen erhält man für die Punkte mit Steigung 12:

$P_1(-3\,|\,-12)$ und $P_2(6\,|\,15)$

Hinweis: Die Berechnung wäre auch mit *polyRoots*(a(x) – 12,x) möglich gewesen.

c) *Grafische Lösung:*
Der Graph der Funktion fällt von der Maximum- bis zur Minimumstelle. Die minimale Steigung kann also nur in dem Bereich]0; 3[vorkommen. Legt man die Tangente an den Graphen der Funktion f in einem Punkt P und lässt sich die Gleichung der Tangente anzeigen (Steigung ist durch die Zahl vor dem x ablesbar), so erhält man durch Variation der Lage von P, dass die Tangente im Punkt $P(1{,}5\,|\,1{,}5)$ minimal ist.

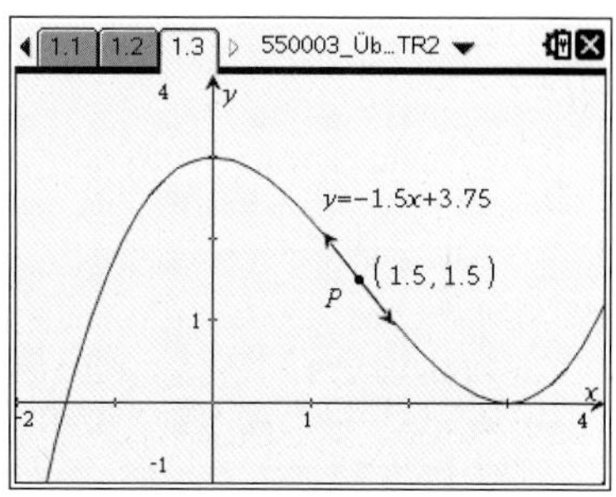

Rechnerische Lösung:

Die Steigung des Graphen der Funktion f wird angegeben durch die Funktion a(x). Bestimmt man die Minimumstelle des Graphen der Funktion a, so ist dies die Stelle, in der der Graph der Funktion f die minimale Steigung hat. Bildet man die 1. Ableitung der Funktion a mithilfe der Faktor- und Summenregel, so erhält man:

$$a2(x) = a'(x) = \frac{4}{3}x - 2$$

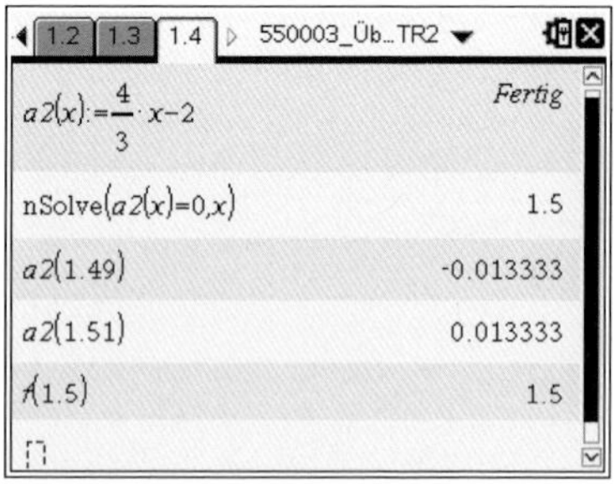

Gleichsetzen des Ableitungsterms mit 0 und Lösen der Gleichung führt zu der möglichen Minimumstelle $x = 1{,}5$.
Bei $x = 1{,}5$ hat die Ableitungsfunktion a2(x) einen „–/+“-Vorzeichenwechsel, sodass die hinreichende Bedingung für eine Minimumstelle erfüllt ist. Nach Berechnung des zugehörigen Funktionswerts erhält man: Der Graph hat die minimale Steigung im Punkt P(1,5 | 1,5).

d) *Grafische Lösung:*

Als Schnittpunkt von t(x) und f(x) erhält man den Punkt B(–1 | 1,78). Legt man die Tangente in B an den Graphen der Funktion f, so fallen die Tangente und die Gerade t zusammen. t ist also die Tangente im Berührpunkt B.

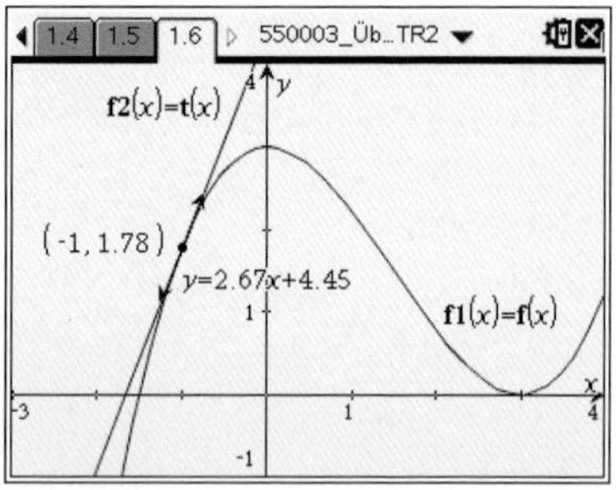

Rechnerische Lösung:

Die Gerade mit der Gleichung $t(x) = \frac{8}{3}x + \frac{40}{9}$ berührt den Graphen der Funktion f im Punkt B(b | f(b)), wenn B ein gemeinsamer Punkt beider Graphen ist und wenn die Steigung in diesem Punkt gleich ist.
Einen gemeinsamen Punkt der Graphen beider Funktionen erhält man, indem man die Funktionsterme gleichsetzt.

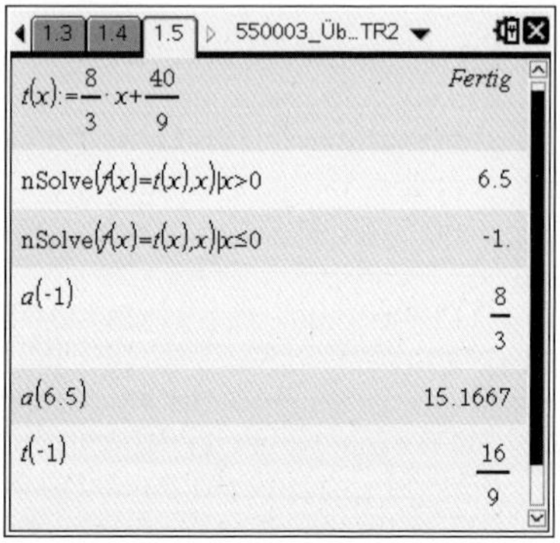

Als Schnittstellen von f(x) und t(x) erhält man $x = -1$ und $x = 6{,}5$. Während für $x = -1$ die zugehörige Steigung mit der Steigung von t(x) übereinstimmt, erhält man für $x = 6{,}5$ mit $f'(6{,}5) \approx 15{,}2$ einen anderen Wert. t(x) ist somit als Tangente für $x = -1$ nachgewiesen. Der Berührpunkt ist $B\left(-1 \,\middle|\, \frac{16}{9}\right)$.

e) *Grafische Lösung:*
Zeichnet man die Tangente an den Graphen der Funktion f im Punkt W(1,5 | 1,5) und errichtet in W die Senkrechte zur Tangente (die Normale), so kann auf der Senkrechten ein Punkt mit der x-Koordinate –1,5 festgelegt werden. Da die y-Koordinate des Punktes gleich –0,5 ist, liegt der Punkt Q auf der Normalen zur Tangente im Punkt W.

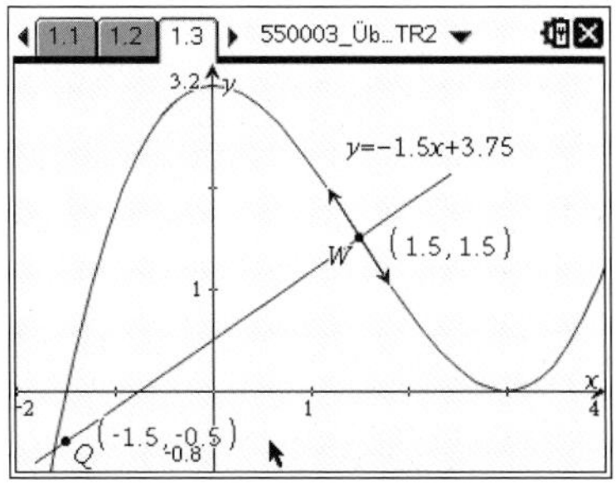

Rechnerische Lösung:
Tangente und Normale stehen senkrecht aufeinander, das Produkt der Steigungen ist somit gleich –1.

Die Steigung der Tangente m_t an der Stelle 1,5 beträgt (wie an jeder Stelle der Tangente) –1,5, die Steigung der Normalen ist somit $m_n = \frac{-1}{-1{,}5} = \frac{2}{3}$.

Durch Einsetzen der Koordinaten des Punktes W und der berechneten Steigung in die allgemeine Normalform der Geradengleichung $y = mx + b$ erhält man den y-Achsenabschnitt b der Normalen.

Die Gleichung der Normalen lautet:

$$y = \frac{2}{3}x + 0{,}5$$

Zur Überprüfung, ob der Punkt Q auf der Normalen liegt, berechnet man den Funktionswert an der Stelle $x = -1{,}5$. Dieser beträgt –0,5, also liegt Q auf der Normalen.

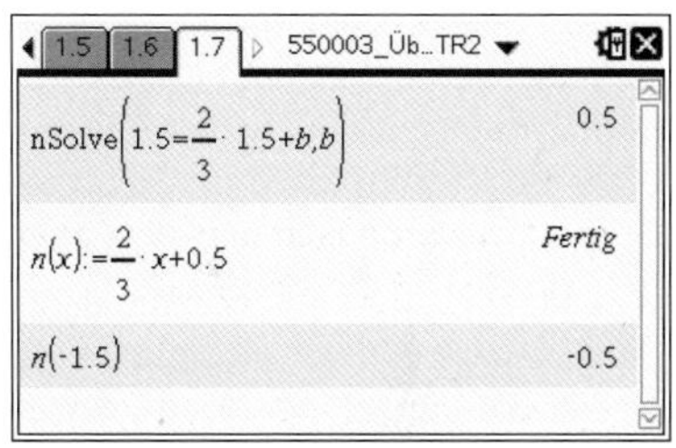

f) Das achsenparallele Rechteck (Quadrat) ist festgelegt durch die Punkte O(0 | 0), T(3 | 0), R(3 | 3) und H(0 | 3). Da für die Steigung m der Ursprungsgeraden $m < 1$ gilt, wird die Seite TR von der Ursprungsgeraden geschnitten.
Aus dem Teilungsverhältnis ergibt sich, dass der Flächeninhalt des Dreiecks OTP dann 3 FE beträgt, da das Quadrat OTRH den Flächeninhalt 9 FE hat.

Grafische Lösung:
Legt man auf der Dreiecksseite einen Punkt P fest, misst den Flächeninhalt des Dreiecks OTP und variiert die Lage des Punktes P, so erhält man die Gleichung der Ursprungsgeraden als $y = 0{,}66x$.

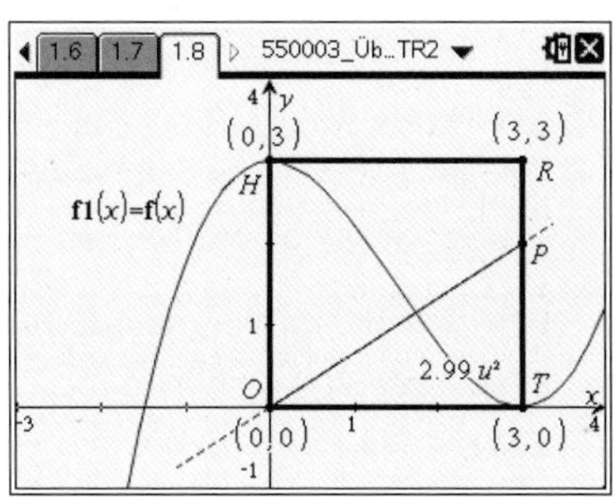

Rechnerische Lösung:
Da das Dreieck OTP rechtwinklig ist und die Kathete [OT] die Länge 3 LE hat, muss die Länge der Kathete [TP] 2 LE sein. Der Punkt P hat somit die Koordinaten P(3 | 2) und die Gleichung der Ursprungsgeraden lautet:

$$y = \frac{2}{3}x$$

g) 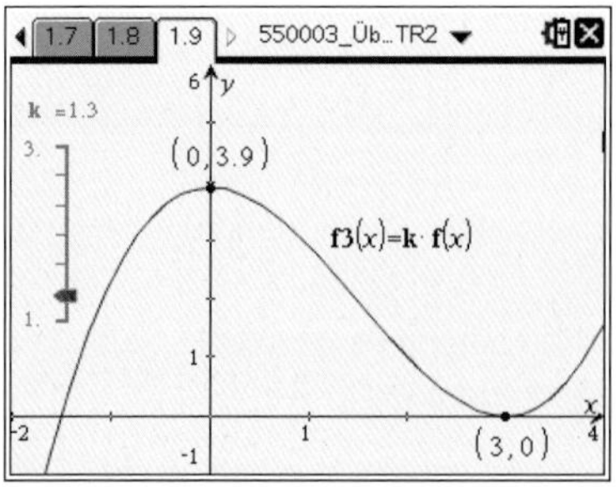

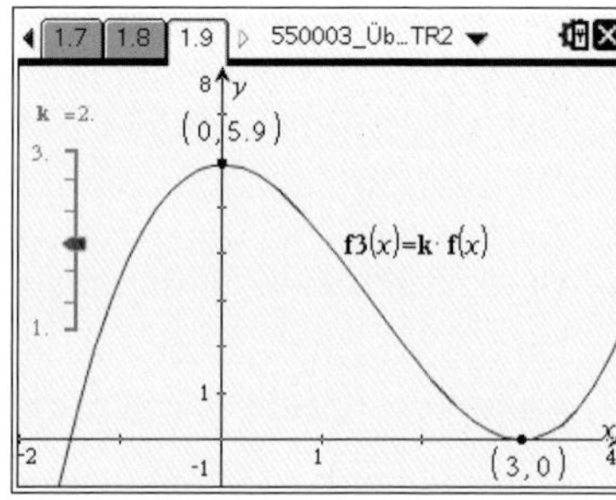

Die Maximum- und Minimumstellen, also die x-Werte, bleiben erhalten. Denn nach der Konstantenregel ist h'(x) = k · f'(x) und gemäß der notwendigen Bedingung für Extremstellen gilt:

$$k \cdot f'(x) = 0 \qquad |: k \geq 1$$
$$f'(x) = 0$$

Die x-Koordinaten sind also unabhängig von k.

Die Hochpunkte wandern mit zunehmendem k auf der y-Achse nach oben (denn $k \cdot f(0) = k \cdot 3$). Die Hochpunkte liegen, da $k \geq 1$ ist, somit auf einer Halbgeraden. Für diese Punkte der Halbgeraden gilt:
$x = 0$ und $y \geq 3$

Die Tiefpunkte behalten ihre Lage bei, da $k \cdot f(3) = k \cdot 0 = 0$ ist.

Aufgabe 3

a) Der Aussichtspunkt A ist bezogen auf die Umgebung der nördlichste Punkt des Randweges. Der Aussichtspunkt entspricht somit einem relativen (lokalen) Hochpunkt des Graphen der Funktion.

Die notwendige Bedingung für diese Maximumstelle ist f'(x) = 0, die hinreichende Bedingung ist, dass an der Stelle ein „+/–"-Vorzeichenwechsel vorliegt.

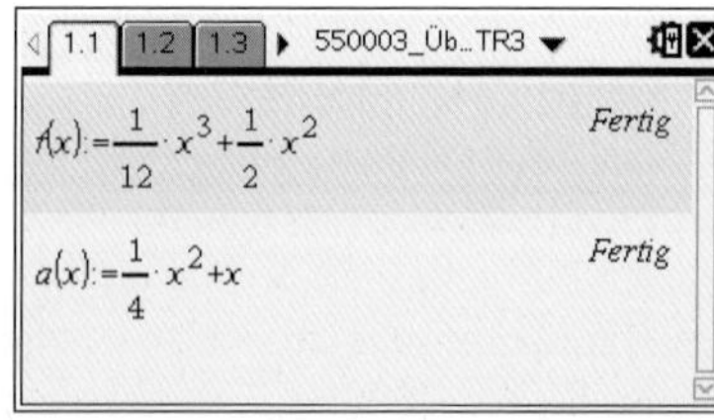

Bestimmung der 1. Ableitung mithilfe der Faktor- und Summenregel:

$$f'(x) = \frac{1}{4}x^2 + x$$

$$f'(x) = 0$$

$$\frac{1}{4}x \cdot (x+4) = 0$$

Die möglichen Extremstellen liegen bei $x = -4$ bzw. bei $x = 0$. An der Stelle -4 liegt ein „+/–“-Vorzeichenwechsel vor.

Mit $f(-4) = \frac{8}{3}$ erhält man:

Der Aussichtspunkt hat die Koordinaten $A\left(-4 \mid \frac{8}{3}\right)$.

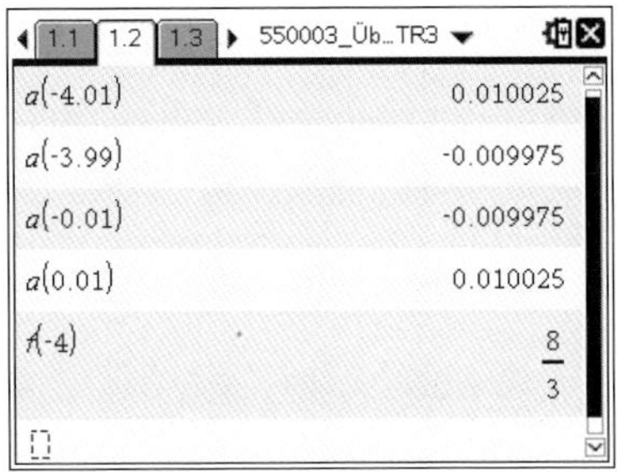

b) Die Abtrennung verläuft genau in östlicher Richtung. Bezogen auf das Koordinatensystem liegt die Abtrennung daher parallel zur x-Achse, sodass sich die y-Koordinate nicht ändert. Da die Abtrennung beim Aussichtspunkt $A\left(-4 \mid \frac{8}{3}\right)$ beginnt und die Länge von 120 m 6 Längeneinheiten im Koordinatensystem entspricht, endet die Abtrennung dann am Randweg, wenn der Punkt $B\left(2 \mid \frac{8}{3}\right)$ auf dem Graphen der Funktion liegt.

Dies ist der Fall, wenn $f(2) = \frac{8}{3}$ ist.
Die Abtrennung des Nichtschwimmerbeckens endet auf dem Randweg im Punkt $B\left(2 \mid \frac{8}{3}\right)$.

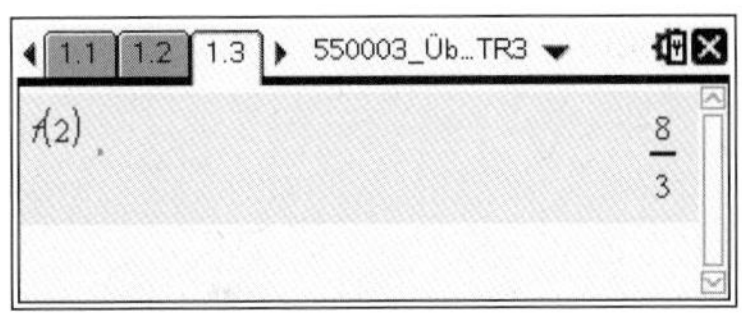

Alternativ:
Die Abtrennung des Nichtschwimmerbeckens wird beschrieben durch die Geradengleichung $y = \frac{8}{3}$. Schneidet man den Graphen der Funktion f und die Gerade, so erhält man als Schnittstelle $x = 2$; der Schnittpunkt ist somit $B\left(2 \mid \frac{8}{3}\right)$.

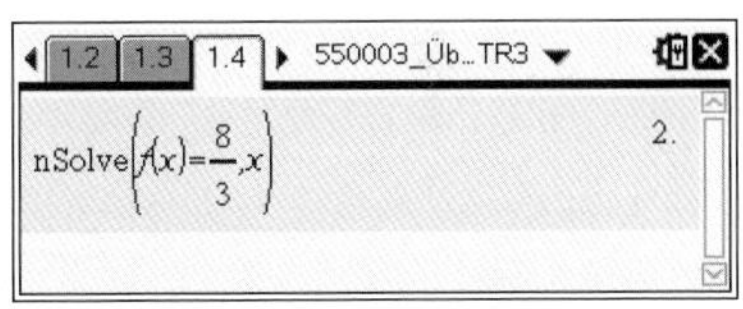

Eine Abstandsberechnung der beiden Punkte A und B ergibt 6 LE; dieser Abstand entspricht 120 m.

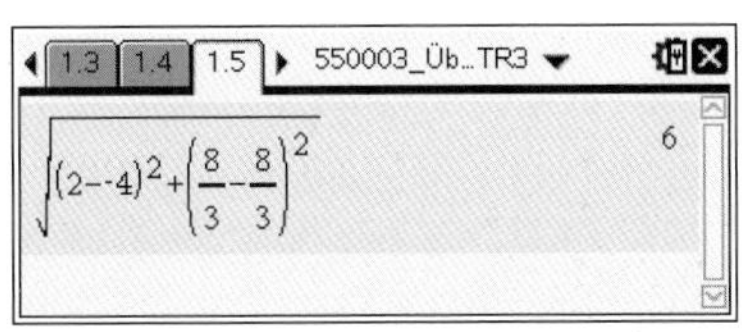

c) Die Begrenzung des Nichtschwimmerbereichs verläuft parallel zur x-Achse. Die größte Ausdehnung des Nichtschwimmerbeckens wird demnach an der Stelle sein, an der der Weg am südlichsten verläuft. Der Punkt entspricht im betrachteten Kartenausschnitt einem relativen (lokalen) Tiefpunkt des Graphen der Funktion.

Nach Aufgabenteil a ist die Stelle $x=0$ eine Minimumstelle, da die 1. Ableitung dort den Wert 0 annimmt und ein „–/+“-Vorzeichenwechsel bei $x=0$ stattfindet. Die Abtrennung verläuft entlang der Geraden $y=\frac{8}{3}$.

Durch Vergleich der y-Koordinate des Tiefpunktes (Funktionswert an der Stelle $x=0$) mit der Geradengleichung erhält man:
Die größte Ausdehnung des Nichtschwimmerbeckens ist $\frac{160}{3}\text{ m}=53\frac{1}{3}\text{ m}$.

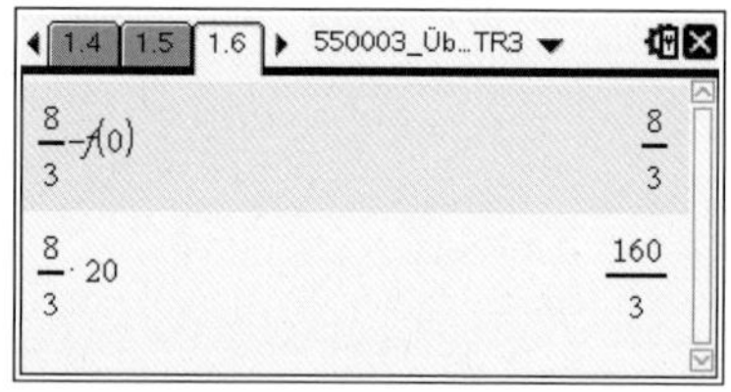

d) (1) Die Normalform der Parabel lautet: $p(x)=ux^2+vx+w$

Anmerkung: Da die Variable a schon für die 1. Ableitungsfunktion der Funktion f festgelegt ist, werden hier die Variablen u, v und w genutzt.

Setzt man die Koordinaten der Punkte A, B und C in diese Gleichung ein, so erhält man ein Gleichungssystem mit den 3 Variablen u, v und w. Lösen des Gleichungssystems führt zu:

$$u=-\frac{16}{27},\ v=-\frac{32}{27}\ \text{und}\ w=\frac{200}{27}$$

Die Gleichung der Parabel p(x), deren Graph den Verlauf der Abtrennung angibt, lautet:

$$p(x)=-\frac{16}{27}x^2-\frac{32}{27}x+\frac{200}{27}$$

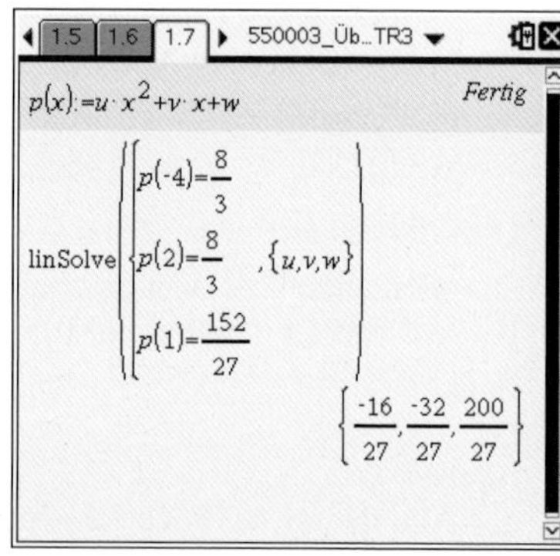

(2) Es ist $p(0)=\frac{200}{27}=7\frac{11}{27}$. Ein Vergleich mit der y-Koordinate $7\frac{1}{3}=7\frac{9}{27}$ des Punktes S zeigt, dass der Funktionswert der Parabel größer ist als die y-Koordinate des Schwimmfloßes. Das Schwimmfloß liegt daher innerhalb der Abgrenzung.

Alternativ:
Zeichnet man den Graphen der Funktion p und den Punkt S in einem Grafikfenster, so sieht man, nachdem man den entsprechenden Bereich ausgewählt hat, dass das Schwimmfloß innerhalb der Abgrenzung liegt.

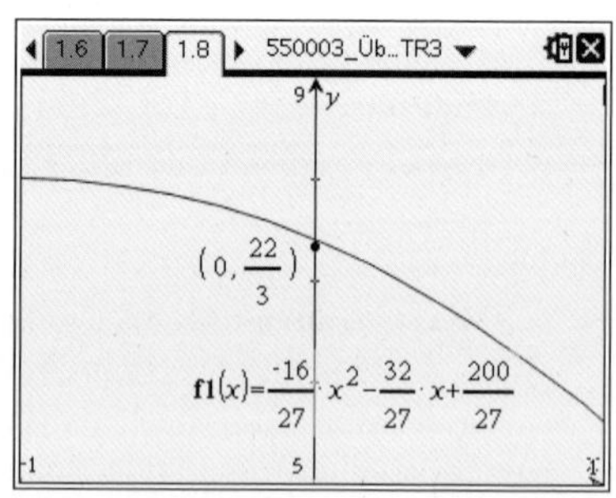

(3) Der Tiefpunkt hat die Koordinaten T(0 | 0), bekannt aus Teilaufgabe c.

Die Parabel p(x) ist nach unten geöffnet. Der nördlichste Punkt des Schwimmerbereichs ist somit gleich dem Scheitelpunkt der Parabel.

Die notwendige Bedingung für eine Maximumstelle ist $p'(x) = 0$. Die hinreichende Bedingung ist, dass an dieser Stelle ein „+/–“-Vorzeichenwechsel vorliegt.
Bestimmung der 1. Ableitung mithilfe der Faktor- und Summenregel:

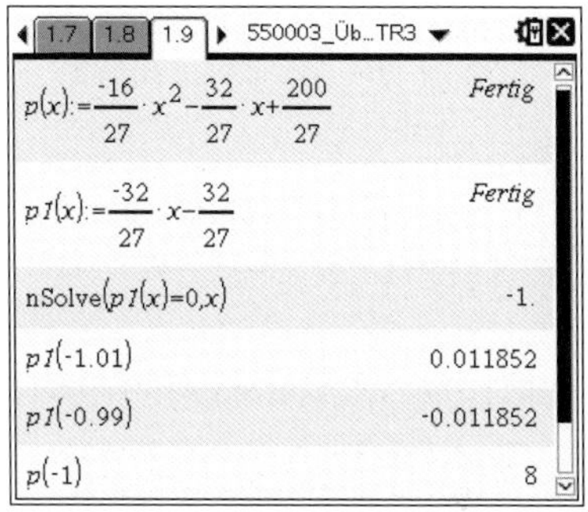

$$p'(x) = -\frac{32}{27}x - \frac{32}{27}$$

Die mögliche Extremstelle liegt bei $x = -1$. Dort liegt ein „+/–“-Vorzeichenwechsel vor.
Mit $f(-1) = 8$ erhält man: Der nördlichste Punkt des Schwimmerbereichs ist S(–1 | 8).

Alternative Bestimmung des Scheitelpunktes mithilfe quadratischer Ergänzung:

$$\begin{aligned}
p(x) &= -\frac{16}{27}x^2 - \frac{32}{27}x + \frac{200}{27} \\
&= -\frac{16}{27}\cdot(x^2 + 2x) + \frac{200}{27} \\
&= -\frac{16}{27}\cdot(x^2 + 2x + 1^2 - 1^2) + \frac{200}{27} \\
&= -\frac{16}{27}\cdot(x+1)^2 + \frac{16}{27} + \frac{200}{27} \\
&= -\frac{16}{27}\cdot(x+1)^2 + 8 \qquad \Rightarrow \quad S(-1 \mid 8)
\end{aligned}$$

Die Entfernung von T nach S kann mithilfe der Abstandsformel für 2 Punkte $S(x_1 \mid y_1)$ und $T(x_2 \mid y_2)$ berechnet werden:

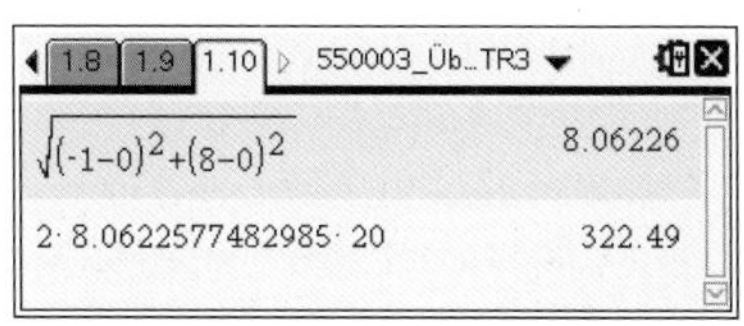

$$\begin{aligned}
d(S;T) &= \sqrt{(x_1 - x_2)^2 + (y_1 - y_2)^2} \\
&\approx 8{,}06
\end{aligned}$$

Mia schwimmt nach Umrechnung der Einheiten $2 \cdot 8{,}06 \cdot 20\text{ m} \approx 322\text{ m}$.

Aufgabe 4

a) 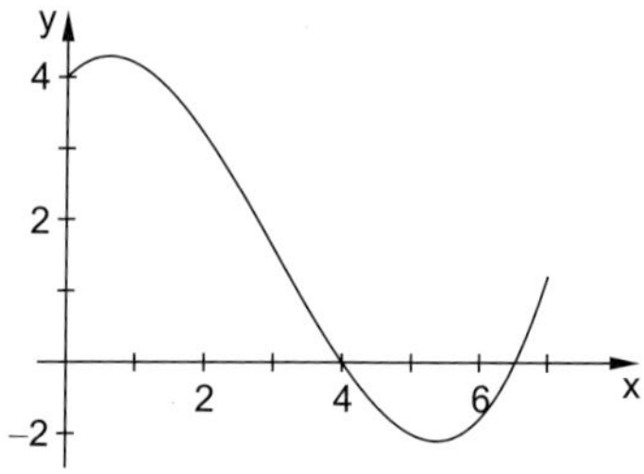

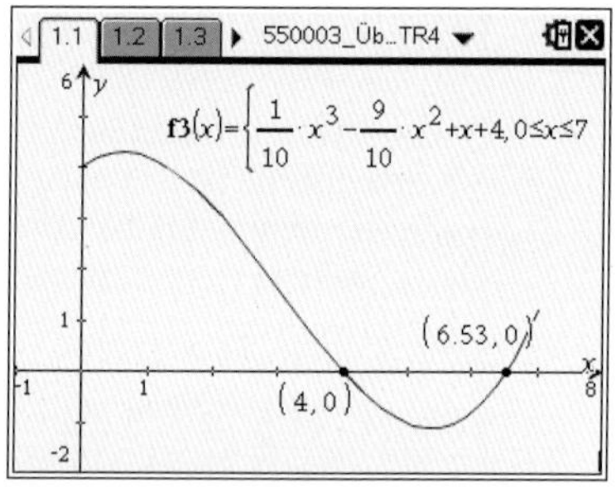

Es fließt mehr Wasser zu als ab, wenn der Graph der Funktion im positiven Bereich verläuft. Zur Bestimmung dieser Zeitintervalle müssen die Nullstellen der Funktion bestimmt werden. Betrachtet man den Verlauf des Graphen, so stellt man fest:

Die Nullstellen liegen bei $t_1 = 4$ und $t_2 = 6{,}53$.

In den ersten 4 Wochen und ungefähr ab der Mitte der 7. Woche fließt also mehr Wasser in die Talsperre als entnommen wird.

b) Da ab der 4. Woche bis zur Mitte der 6. Woche mehr Wasser entnommen wird als zufließt, befindet sich zur Mitte der 6. Woche ($t = 6{,}53$) am wenigsten Wasser in der Talsperre.

c) Der Zeitpunkt, zu dem sich die Wassermenge am stärksten verringert, entspricht der Minimumstelle des Graphen der Funktion.
Die notwendige Bedingung für eine Extremstelle ist $a(t) = z'(t) = 0$.

$$z'(t) = \frac{3}{10}t^2 - \frac{18}{10}t + 1$$

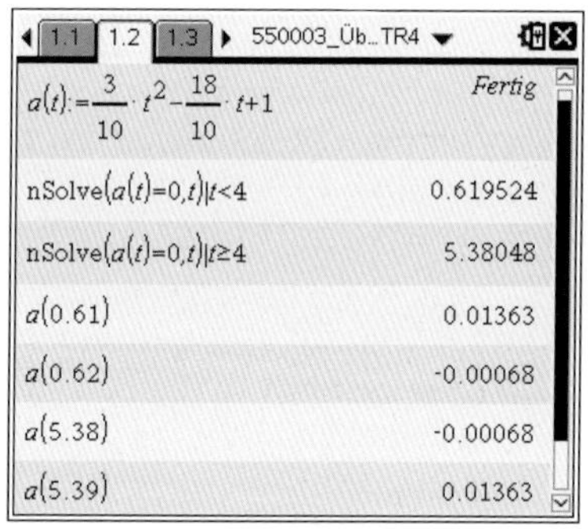

Als mögliche Extremstellen berechnet man $t_1 \approx 0{,}62$ und $t_2 \approx 5{,}4$.
Die hinreichende Bedingung für eine Minimumstelle ist $z'(t) = 0$ und an der möglichen Extremstelle findet ein „–/+"-Vorzeichenwechsel statt.

Die hinreichende Bedingung ist für $t_2 \approx 5{,}4$ erfüllt.

Ungefähr nach einem Drittel der 5. Woche verringert sich die Wassermenge am stärksten.

d) Der Graph ist streng monoton steigend, wenn er im betrachteten Zeitraum keine Extrempunkte hat und für die Zeiten t_1 und t_2 mit $t_1 < t_2$ gilt: $f(t_1) < f(t_2)$
Die notwendige Bedingung für Extremstellen lautet: $f'(t) = 0$

$$f'(t) = \frac{1}{100} \cdot (3t^2 - 16t + 25)$$

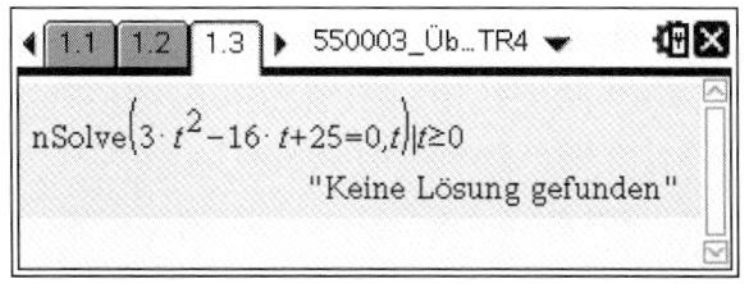

$f'(t) = 0$

$\Rightarrow \; 3t^2 - 16t + 25 = 0$

Die Funktion hat im betrachteten Zeitraum keine Nullstelle und der Graph somit keine relativen Extrempunkte.

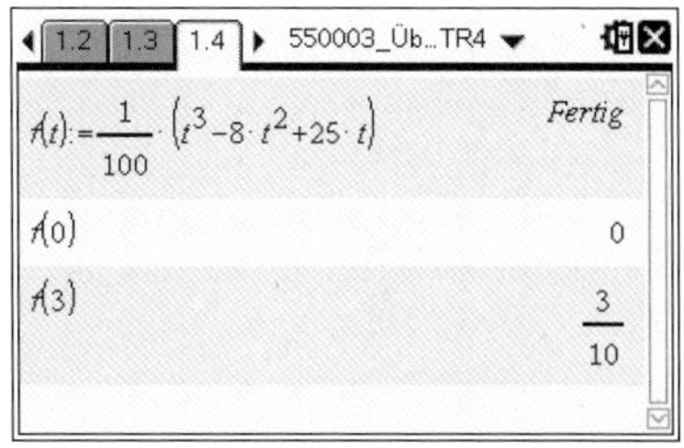

Betrachtet man z. B. den prozentualen Anteil zu den Zeitpunkten $t = 0$ und $t = 3$, so erhält man $f(0) = 0$ und $f(3) = 0{,}3$. Die Bedingung $f(0) < f(3)$ ist somit erfüllt und der Graph der Funktion ist streng monoton steigend; die Anzahl der Untersuchungen wächst ständig.

Alternativ:

Der prozentuale Anteil der durchgeführten Untersuchungen nimmt dann ständig zu, wenn der Graph der Funktion f(t) streng monoton steigend ist. Dies ist der Fall, wenn die 1. Ableitung für $t \in [0;\, t_e]$ größer als null ist.

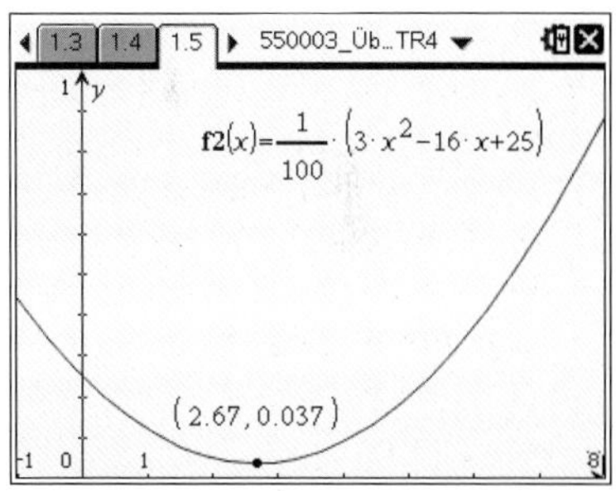

Der Graph der Ableitung einer ganzrationalen Funktion 3. Grades ist eine Parabel. Die Parabel ist nach oben geöffnet, da der Koeffizient mit 0,03 vor t^2 positiv ist. Der Scheitelpunkt ist somit ein Tiefpunkt. Er hat die ungefähren Koordinaten $S\left(\frac{8}{3} \,\middle|\, 0{,}037\right)$.
Da dieser Tiefpunkt im positiven Bereich liegt, ist der Graph der ganzrationalen Funktion f streng monoton steigend, die Anzahl der Untersuchungen wächst somit ständig.

e) Die Untersuchung wird dann am letzten Tag beendet, wenn zu Beginn des 7. Arbeitstages $(t = 6)$ noch keine 100 % der Untersuchungen durchgeführt worden sind und im Laufe des Tages die 100 % erreicht werden.
Es ist $f(6) = 0{,}78 < 1$ und $f(7) = 1{,}26 > 1$.
Die Untersuchung wird am 7. Untersuchungstag abgeschlossen.

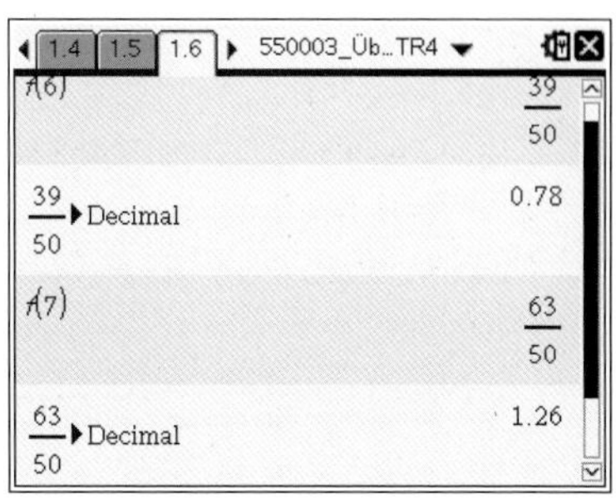

f) Zu Beginn des 6. Arbeitstages sind bereits f(5) = 0,5 = 50 % der Untersuchungen durchgeführt.

Der Anstieg der Untersuchungsergebnisse zum Zeitpunkt t = 5 beträgt 20 %.

Da noch 50 % der Untersuchungen durchgeführt werden müssen, bei dem Tempo zu Beginn des 6. Arbeitstages aber nur 20 % der Untersuchungen/Tag durchgeführt werden, sind am Ende des 7. Tages nur 90 % der Untersuchungen durchgeführt worden. Die Behauptung ist daher falsch.

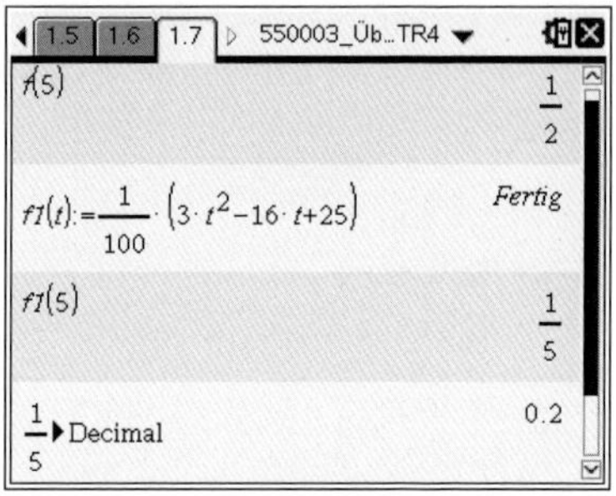

Übungsaufgaben Analysis
– mit CAS –

Aufgabe 1

Gegeben ist die Funktion $f(x) = -\frac{1}{9}x^3 - \frac{1}{6}x^2 + 2x + 9$.

a) Bestimmen Sie mithilfe eines rechnerischen Ansatzes die Extrempunkte der Funktion f. Bestimmen Sie mithilfe des Vorzeichenwechselkriteriums die Art der Extrema.

b) Begründen Sie mithilfe der Extrema und des Grenzwertverhaltens für $x \to \infty$, dass der Graph der Funktion f die x-Achse nur in einem Punkt schneidet.

c) Bestimmen Sie mithilfe eines rechnerischen Ansatzes die Gleichung der Tangente t im Schnittpunkt des Graphen der Funktion f mit der y-Achse. Die Steigung der Tangente ist m_t. Geben Sie mit Begründung an, ob es noch weitere Punkte des Graphen mit Steigung m_t gibt.

Gegeben ist ebenfalls die Funktion $g(x) = \frac{1}{6}x^3 + \frac{3}{8}x^2 - \frac{9}{4}x - \frac{9}{8}$.

d) Bestimmen Sie die gemeinsamen Punkte der Graphen von f und g und zeigen Sie, dass sich beide Graphen in einem der gemeinsamen Punkte berühren.

e) Der Graph der Funktion g ist punktsymmetrisch zum Punkt $W\left(-\frac{3}{4} \middle| \frac{45}{64}\right)$.

Der Graph der Funktion g kann so verschoben werden, dass der Graph der verschobenen Funktion g_v punktsymmetrisch zum Ursprung ist. Bestimmen Sie den Funktionsterm der Funktion g_v und begründen Sie anhand des Terms, warum die Funktion punktsymmetrisch zum Ursprung ist.

f) Die Gerade mit der Gleichung $x = a$, $-3 < a < 2$, schneidet die Graphen der Funktionen f und g in den Punkten P und Q. Bestimmen Sie a so, dass der Abstand der Punkte P und Q maximal ist (ohne Überprüfung der hinreichenden Bedingung).

Aufgabe 2

Durch die Funktion $g(x) = -\frac{3}{25}x^3 + \frac{9}{10}x^2$, $x \in [-1; 5{,}5]$, wird modellhaft ein Geländeprofil mit Abhang beschrieben. (1 Einheit $\triangleq$ 10 m)

a) Bestimmen Sie den höchsten und tiefsten Punkt des Geländes.

b) Berechnen Sie die Steigung des Geländes 30 m oberhalb der tiefsten Stelle und überprüfen Sie, ob ein Steigungswinkel von 60° überschritten wird.

Zur Information: 2 Graphen gehen in einem **gemeinsamen** Punk P dann knickfrei ineinander über, wenn sie im Punkt P die gleiche Steigung besitzen.

c) Im weiteren Verlauf fällt das Gelände ab $x = 5{,}5$ gleichmäßig ab und kann durch die Gerade mit der Gleichung $h(x) = -0{,}99x + 12{,}705$ modelliert werden. Überprüfen Sie, ob das Gelände an der Stelle $x = 5{,}5$ einen Knick aufweist.

Am tiefsten Punkt des Geländes befindet sich ein Brunnen, in dessen Mitte sich eine Wasserdüse zum Erzeugen einer Wasserfontäne befindet.

d) Am höchsten Punkt des Geländes steht eine Person mit einer Augenhöhe von 1,5 m. Begründen Sie, dass diese Person eine 2 m hohe Wasserfontäne, die senkrecht aus dem Brunnen aufsteigt, nicht sehen kann.

e) Am höchsten Punkt des Geländes steht eine 5 m hohe Aussichtsplattform, auf die die Person aus Teilaufgabe d nun steigt. Berechnen Sie, wie hoch die Wasserfontäne mindestens sein muss, damit die Person sie endlich sehen kann.

Hinweise und Tipps

Aufgabe 1a

- Die notwendige Bedingung für Extremstellen lautet: $f'(x) = 0$
- Die hinreichende Bedingung für eine Extremstelle ist: Bei den möglichen Extremstellen findet ein Vorzeichenwechsel bei der Ableitungsfunktion statt.
- Beachten Sie, dass nicht nur die Extremstellen, sondern die Extrem**punkte** gesucht sind.

Aufgabe 1b

- Durch die Extrempunkte sind das Steigungsverhalten und der Verlauf des Graphen für betragsgroße x festgelegt. Bedenken Sie hier auch den allgemeinen Verlauf einer an der x-Achse gespiegelten x^3-Funktion.
- Beachten Sie die y-Koordinate des Tiefpunktes.

Aufgabe 1c

- Alle Punkte auf der y-Achse haben die x-Koordinate 0.
- Die Steigung der Tangente an den Graphen im Punkt P ist gleich der Steigung des Graphen im Punkt P.
- Die allgemeine Form der Geradengleichung lautet: $y = mx + b$
- Bei parallelen Geraden ist die Steigung gleich.

Aufgabe 1d

- Gemeinsame Punkte zweier Graphen haben die gleichen x- und y-Koordinaten.
- Zwei Graphen berühren sich in einem gemeinsamen Punkt B, wenn sie in B die gleiche Steigung besitzen.

Aufgabe 1e

- Der Graph der Funktion $f(x) + d$ entsteht aus dem Graphen der Funktion $f(x)$ durch Verschiebung um $|d|$ Längeneinheiten in y-Richtung ($d > 0$: Verschiebung nach oben, $d < 0$: Verschiebung nach unten).
- Der Graph der Funktion $f(x + c)$ entsteht aus dem Graphen der Funktion $f(x)$ durch Verschiebung um $|c|$ Längeneinheiten in x-Richtung ($c > 0$: Verschiebung nach links, $d < 0$: Verschiebung nach rechts).

Aufgabe 1f

- Definieren Sie eine neue Funktion d in Abhängigkeit von a, die den Abstand der Punkte P und Q angibt.
- Beachten Sie beim Aufstellen der Funktion, dass die Punkte die gleiche x-Koordinate besitzen.

- Beachten Sie die Lage der Graphen der Funktionen f und g im betrachteten Intervall zueinander.
- Die hinreichende Bedingung für eine Maximumstelle ist $d'(a) = 0$.
- Vergleichen Sie die berechneten Stellen mit dem Ergebnis der Teilaufgabe d.

Aufgabe 2a

- Die notwendige Bedingung für Extremstellen lautet: $g'(x) = 0$
- Die hinreichende Bedingung für eine Extremstelle ist, dass $g'(x) = 0$ ist und dass g' an der betreffenden Stelle einen Vorzeichenwechsel hat.
- Beachten Sie, dass nicht die Stellen, sondern die Extrem**punkte** gesucht sind.
- Aufgrund des Operators „Bestimmen Sie …“ können Sie auch zeichnerisch den Hoch- und Tiefpunkt ermitteln.

Aufgabe 2b

- Beachten Sie, dass 1 Einheit 10 m entspricht.
- Berechnen Sie die Stelle, an der das Gelände eine Höhe von 30 m hat.
- Berechnen Sie die Steigung an dieser Stelle.
- Vergleichen Sie die Steigung mit dem vorgegebenen Steigungswinkel von 60°.
- Denken Sie an den Zusammenhang: Steigung $= \tan\alpha$, α ist Steigungswinkel.

Aufgabe 2c

- Überprüfen Sie die Eigenschaften, die in der Information für einen knickfreien Übergang beschrieben sind.

Aufgabe 2d

- Beachten Sie, dass 1 Einheit 10 m entspricht.
- Bestimmen Sie aus den Angaben die Position der Spitze S der Fontäne und die Position des Auges A des Betrachters.
- Überlegen Sie, was es bedeutet, dass man von A aus S nicht sehen kann.
- Stellen Sie die Gleichung eines von A ausgehenden Strahls auf, der – kein Hindernis vorausgesetzt – durch S verlaufen würde.
- Die Steigung einer Geraden berechnet sich nach der Formel: $m = \frac{y_1 - y_2}{x_1 - x_2}$
- Beachten Sie bei der Bestimmung des y-Achsenabschnitts, dass der Punkt S auf der y-Achse liegt.
- Ist ein Blick auf die Spitze der Fontäne nicht möglich, so wird die Spitze vom Geländeprofil verdeckt. Führen Sie die entsprechende Rechnung hierzu aus.

  oder:
- Zeichnen Sie eine von A ausgehende Halbgerade durch S.

- Betrachten Sie im GRAPH-Menü Ihres CAS die Lage der Halbgeraden und des Graphen der Funktion g zueinander.

Aufgabe 2e

- Beachten Sie, dass 1 Einheit 10 m entspricht.
- Bestimmen Sie aus den Angaben die Position des Auges A des Betrachters.
- Überlegen Sie, wie der Sehstrahl des Betrachters verlaufen muss, damit der Betrachter eine Wasserfontäne mit minimaler Höhe sehen kann.
- Beachten Sie, dass der Berührpunkt an der Stelle a auf dem Graphen der Funktion g liegt.
- Bestimmen Sie mithilfe der allgemeinen Koordinaten des Berührpunktes B und der Koordinaten des Punktes A die Steigung der Halbgeraden.
- Die Steigung der Halbgeraden/des Sehstrahls lässt sich mit der Formel $m = \frac{y_1 - y_2}{x_1 - x_2}$ berechnen.
- Die Steigung der Tangente im Punkt B ist gleich der Steigung des Graphen im Punkt B.
- Stellen Sie mithilfe der Steigungen eine Gleichung auf und lösen Sie diese.
- Überlegen Sie, welche der drei Lösungen nur infrage kommt.
- Bestimmen Sie mithilfe der Koordinaten des Berührpunktes den y-Achsenabschnitt der Halbgeraden.
- Bestimmen Sie mithilfe des y-Achsenabschnitts die minimale Höhe der Wasserfontäne.

oder zeichnerisch:

- Legen Sie auf den Graphen der Funktion g einen Punkt B und zeichnen Sie eine von A ausgehende Halbgerade durch B.
- Variieren Sie die Lage des Punktes B so, dass die Halbgerade Tangente an den Graphen der Funktion g wird.
- Lesen Sie aus der Gleichung der Halbgeraden den y-Achsenabschnitt ab und bestimmen Sie hiermit die minimale Höhe der Fontäne.

oder:

- Legen Sie auf der y-Achse die Spitze S der Fontäne fest und zeichnen Sie eine von A ausgehende Halbgerade durch S.
- Variieren Sie die Lage des Punktes S so, dass die Halbgerade Tangente an den Graphen der Funktion g wird.
- Die y-Koordinate des Punktes S entspricht – bei Beachtung der Einheiten – der minimalen Höhe der Fontäne.

Lösung

Aufgabe 1

a) Die notwendige Bedingung für Extremstellen lautet: $f_1(x) = f'(x) = 0$

$$f_1(x) = -\frac{1}{3}x^2 - \frac{1}{3}x + 2$$

Die Gleichung $f_1(x) = 0$ liefert die Nullstellen der 1. Ableitungsfunktion $f_1(x)$; diese sind $x_1 = -3$ und $x_2 = 2$.

Einsetzen geeigneter Werte als Argument in die 1. Ableitungsfunktion f_1 ergibt, dass die Funktion an der Stelle $x = -3$ einen „–/+“-Vorzeichenwechsel und an der Stelle $x = 2$ einen „+/–“-Vorzeichenwechsel hat.

Der Graph der Funktion hat den Tiefpunkt $T\left(-3 \,\middle|\, \frac{9}{2}\right)$ und den Hochpunkt $H\left(2 \,\middle|\, \frac{103}{9}\right)$.

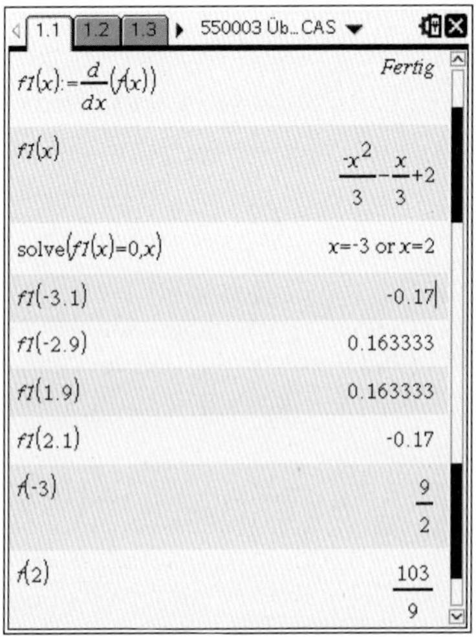

b) Anhand der Extrema erkennt man, dass der Graph der Funktion bis $x = -3$ fällt, anschließend bis $x = 2$ steigt, anschließend wieder fällt und für $x \to \infty$ gegen $-\infty$ läuft.
Da die y-Koordinate des Minimums größer als 0 ist, kann der Graph der Funktion die x-Achse nur in einem Punkt mit einem x-Wert größer als 2 schneiden.

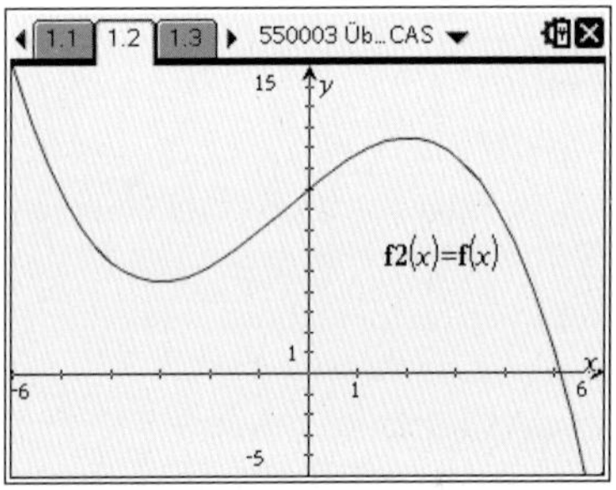

c) Der Graph der Funktion f schneidet die y-Achse im Punkt $S_y(0|9)$. Die Steigung der Tangente t im Punkt S_y ist gleich der Steigung des Graphen im Punkt S_y. Diese ist gleich $f'(0) = f_1(0) = 2$.
Der y-Achsenabschnitt der Tangente ist gleich dem Funktionswert an der Stelle 0. Die Gleichung der Tangente lautet somit: $t(x) = 2x + 9$

Parallele Geraden haben die gleiche Steigung. Zur Überprüfung, ob es Punkte des Graphen mit einer zu t parallelen Tangente gibt, ist somit die Gleichung $f_1(x) = f_1(0)$ zu lösen.

Die Tangente im Punkt $R\left(-1 \mid \frac{125}{18}\right)$ verläuft parallel zur Tangente t.

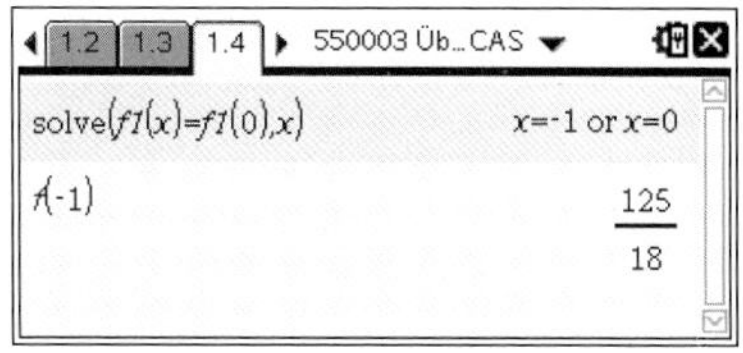

d) Die gemeinsamen Punkte der beiden Graphen erhält man, indem man die Funktionsterme gleichsetzt und die entstehende Gleichung nach x auflöst.

Als Schnittstellen der Graphen erhält man $x_1 = -3$ und $x_2 = \frac{81}{20}$.

Ein Punkt ist dann Berührpunkt der Graphen beider Funktionen, wenn die Funktionswerte und Steigungen an der Stelle gleich sind. Zu überprüfen ist also die Steigung an den Schnittstellen.

Es ist:
$f_1(-3) = g_1(-3)$ und $f(-3) = g(-3) = \frac{9}{2}$

Die Graphen der Funktionen f und g berühren sich somit im Punkt $B\left(-3 \mid \frac{9}{2}\right)$ und schneiden sich im Punkt $S\left(\frac{81}{20} \mid \approx 7\right)$.

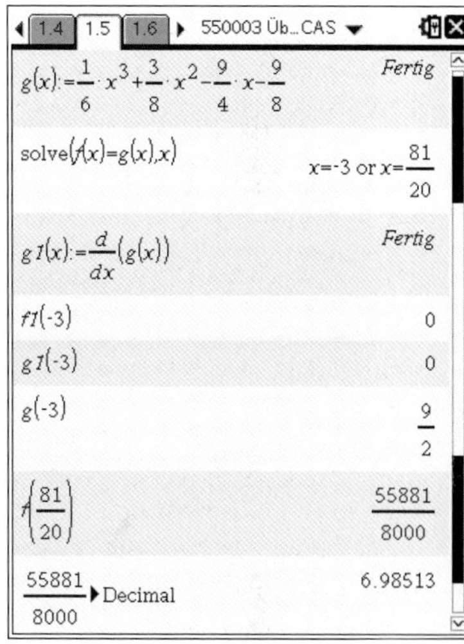

e) Der Punkt W muss um $\frac{3}{4}$ Einheiten nach rechts und um $\frac{45}{64}$ Einheiten nach unten verschoben werden, damit er in den Ursprung gelangt. Wendet man die gleiche Verschiebung auf den Funktionsterm an, so erhält man:

$$g_v(x) = g\left(x - \frac{3}{4}\right) - \frac{45}{64} = \frac{1}{6}x^3 - \frac{81}{32}x$$

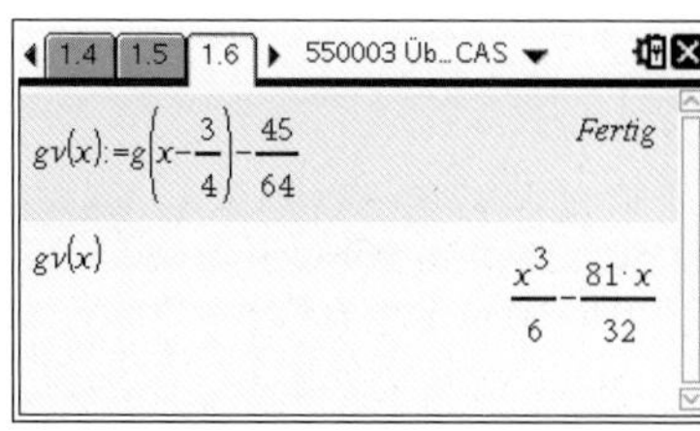

Da im Funktionsterm von g_v nur ungerade Exponenten vorkommen, verläuft der Graph der Funktion g_v punktsymmetrisch zum Ursprung.

f) Der Punkt P hat die Koordinaten P(a | f(a)), der Punkt Q die Koordinaten Q(a | g(a)).
Da die Punkte die gleiche x-Koordinate haben, entspricht der Abstand der Differenz der y-Koordinaten der Punkte P und Q.
Definiert man eine neue Funktion $d(a) = f(a) - g(a)$, $-3 < a < 2$ (der Graph der Funktion f liegt im angegebenen Bereich oberhalb des Graphen der Funktion g), so erhält man als Funktion:

$$d(a) = -\frac{5}{18}a^3 - \frac{13}{24}a^2 + \frac{17}{4}a + \frac{81}{8},$$

$-3 < a < 2$

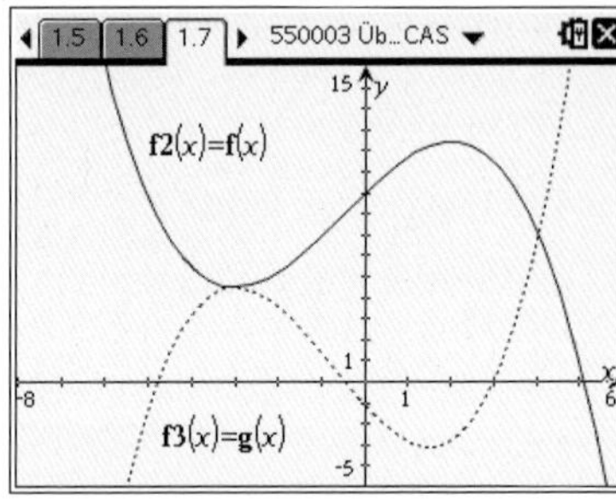

Die notwendige Bedingung für eine Maximumstelle ist $d'(a) = 0$.

Bestimmt man die Nullstellen der Ableitungsfunktion $d'(a) = d_1(a)$, so erhält man $a_1 = -3$ und $a_2 = 1{,}7$.
Aus Aufgabenteil d ist bekannt, dass sich die Graphen bei $a = -3$ berühren, der Abstand ist somit gleich 0.
Für $a = 1{,}7$ ist der Abstand der Punkte P und Q maximal.

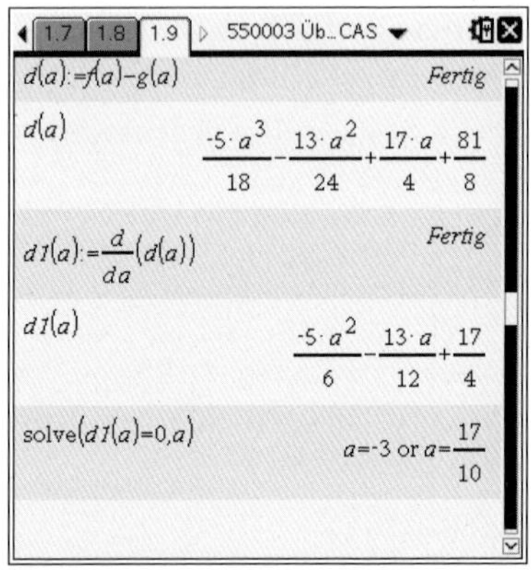

Aufgabe 2

a) Gegeben ist die Funktion g mit:
$g(x) = -\frac{3}{25}x^3 + \frac{9}{10}x^2, \ -1 \leq x \leq 5{,}5$

Die notwendige Bedingung für Extremstellen lautet: $g'(x) = 0$

Definiert man die 1. Ableitungsfunktion $g_1(x)$ der Funktion g(x) und berechnet die Nullstellen der Funktion $g_1(x)$, so erhält man als mögliche Extremstellen $x = 0$ bzw. $x = 5$.

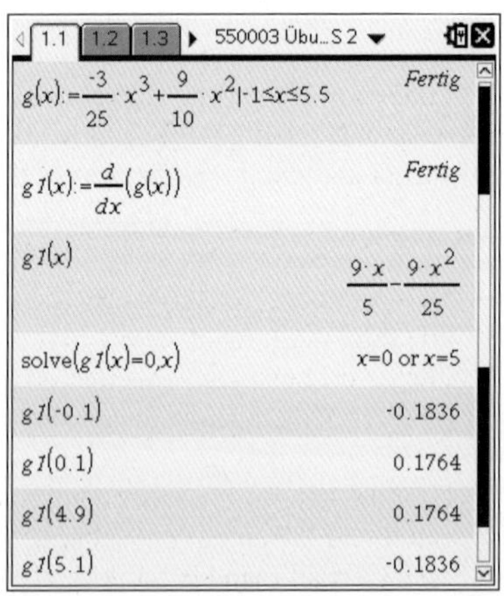

Die hinreichende Bedingung für eine Minimumstelle (Maximumstelle) ist, dass $g'(x) = 0$ ist und dass g' an der betreffenden Stelle einen „–/+“-Vorzeichenwechsel („+/–“-Vorzeichenwechsel) hat.

Die Funktion $g'(x) = g_1(x)$ hat an der Stelle $x = 0$ einen „–/+“-Vorzeichenwechsel, $x = 0$ ist somit eine Minimumstelle. $g_1(x)$ hat an der Stelle $x = 5$ einen „+/–“-Vorzeichenwechsel, $x = 5$ ist somit eine Maximumstelle.
Das Minimum bei $x = 0$ beträgt 0, das Maximum bei $x = 5$ beträgt 7,5.

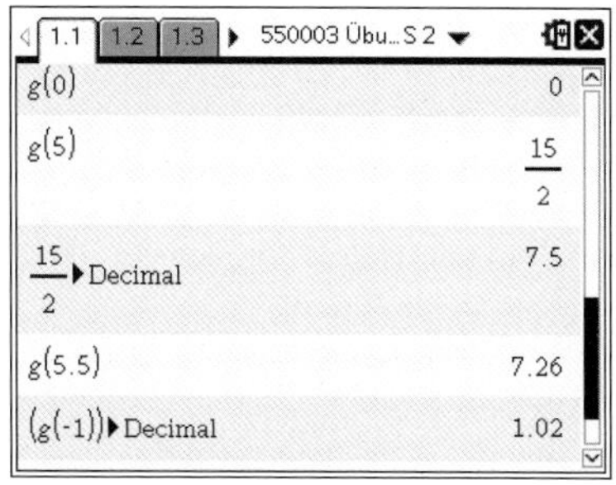

Eine Untersuchung auf Randextrema zeigt, dass keine Randextrema vorliegen. Der Graph der Funktion hat den absoluten Tiefpunkt T(0 | 0) und den absoluten Hochpunkt H(5 | 7,5).

Alternativ: zeichnerische Lösung
Da der Operator „Bestimmen Sie …“ lautet, können Hoch- und Tiefpunkt auch zeichnerisch ermittelt werden. Zeichnet man den Graphen der Funktion g und lässt sich die Extrempunkte anzeigen, so erhält man:
Der Graph der Funktion hat den absoluten Tiefpunkt T(0 | 0) und den absoluten Hochpunkt H(5 | 7,5).

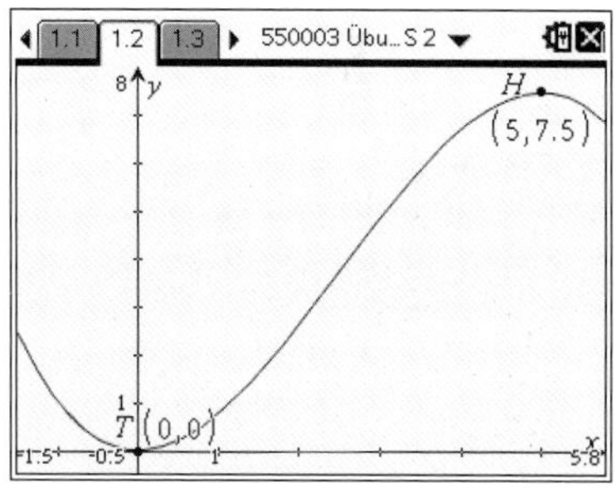

Anmerkung:
Definiert man die Funktion g mit dem angegebenen Definitionsbereich, so kann es je nach eingesetztem CAS bei der Berechnung zu Schwierigkeiten kommen. So wird z. B. die Ableitung am Rand des Definitionsbereichs nicht berechnet (Teilaufgabe c) und bei der Bestimmung von Schnittstellen wird nur eine Lösung ausgegeben (Teilaufgabe d).

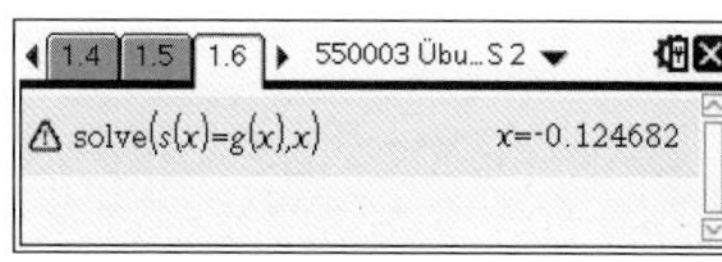

b) Der Punkt des Geländes, der sich 30 m oberhalb der tiefsten Stelle befindet, liegt zwischen dem Tief- und dem Hochpunkt. 30 m entsprechen hierbei 3 Einheiten.
Durch Gleichsetzen des Funktionsterms mit 3 und Lösen der entstehenden Gleichung erhält man als Stelle $x \approx 2{,}2$. Einsetzen dieser Stelle in die 1. Ableitungsfunktion liefert die Steigung $m \approx 2{,}2$. Diese Steigung entspricht einem Steigungswinkel von ca. 65,6°.

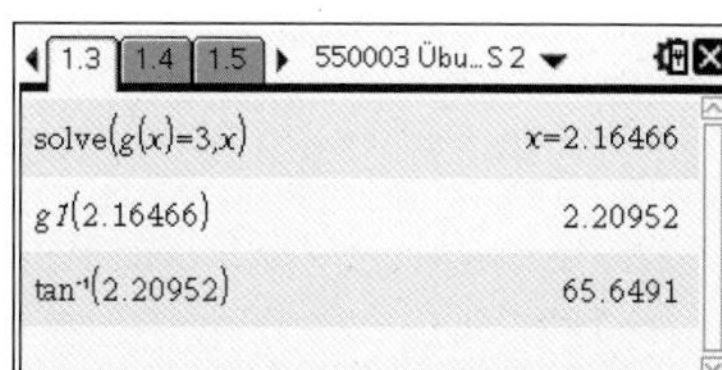

Alternativ:

Der Tangens ist zwischen 0° und 90° eine streng monoton steigende Funktion. Je größer der Funktionswert (die Steigung), desto größer ist auch das Argument des Tangens (der Winkel). Vergleicht man die Steigung $m \approx 2{,}2$ an der Stelle $x \approx 2{,}2$ mit der Steigung, die zu einem 60°-Winkel gehört, so sieht man, dass der Winkelfunktionswert für $m \approx 2{,}2$ größer ist.

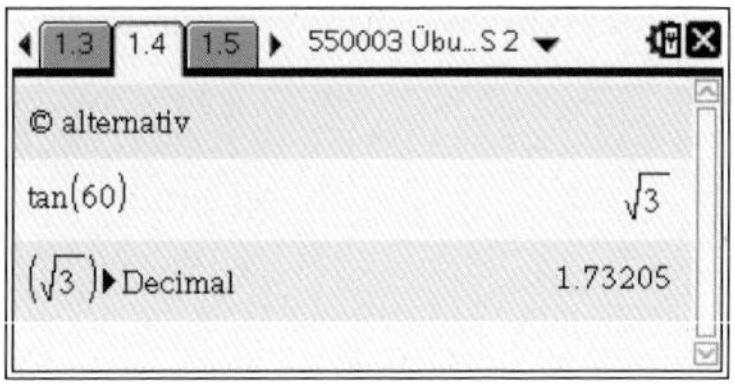

Ein Steigungswinkel von 60° wird also im Gelände 30 m über der tiefsten Stelle überschritten.

c) Betrachtet man den Hinweis, so ist zu überprüfen, ob die Funktionswerte der Funktionen g und h an der Stelle $x = 5{,}5$ übereinstimmen ($g(x) = h(x)$) und ob die Ableitungsfunktionen an der Stelle $x = 5{,}5$ den gleichen Wert liefern:
$g_1(x) = g'(x) = h'(x) = -0{,}99$

Die Graphen der Funktionen g und h gehen knickfrei ineinander über.

Anmerkung: Beachten Sie die Anmerkung aus Teilaufgabe a. Die Funktion g(x) wird hier neu auf ganz $\mathbb{R}$ definiert und nicht mehr im eingeschränkten Definitionsbereich.

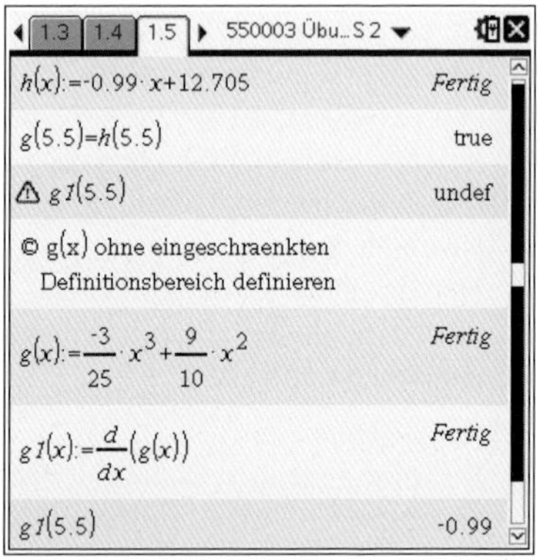

d) Die Position der Spitze der 2 m hohen Fontäne ist bei $S(0\,|\,0{,}2)$, da 1 Einheit 10 m beträgt und die Fontäne senkrecht aus dem Brunnen austritt.
Die Position des Auges des Betrachters ist bei $A(5\,|\,7{,}65)$. Der Betrachter kann die Spitze der Fontäne nicht sehen, wenn ein Hindernis – in diesem Fall das Gelände – zwischen A und S liegt.
Mit den bekannten Punkten A und S kann man die Steigung eines Sehstrahls von A zu S aufstellen. Mit der Formel zur Bestimmung der Steigung,

$$m = \frac{y_1 - y_2}{x_1 - x_2},$$

erhält man für m die Steigung $m = 1{,}49$.
Mit dem bekannten y-Achsenabschnitt 0,2 (y-Koordinate von S) erhält man als Gleichung des Sehstrahls:

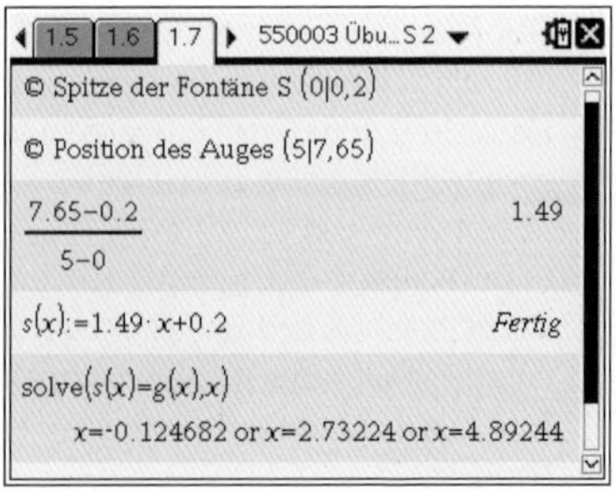

$s(x) = 1{,}49x + 0{,}2$ für $x \leq 5$

Durch Gleichsetzen der Funktionsterme der Funktionen g und s und Lösen der entstehenden Gleichung sieht man, dass der Sehstrahl das Gelände in 2 Punkten ($x \approx 2{,}7$ und $x \approx 4{,}9$) durchdringen würde. Die Spitze der Fontäne ist daher nicht zu sehen.

Zeichnerische Begründung:
Legt man durch die Position des Auges A und die Position der Spitze der Wasserfontäne S eine Gerade, so sieht man, dass diese Gerade den Graphen der Funktion g in 2 Punkten schneidet.

Die Spitze der Fontäne ist somit vom Betrachter nicht zu sehen, da der Betrachter keine direkte Sicht auf S hat.

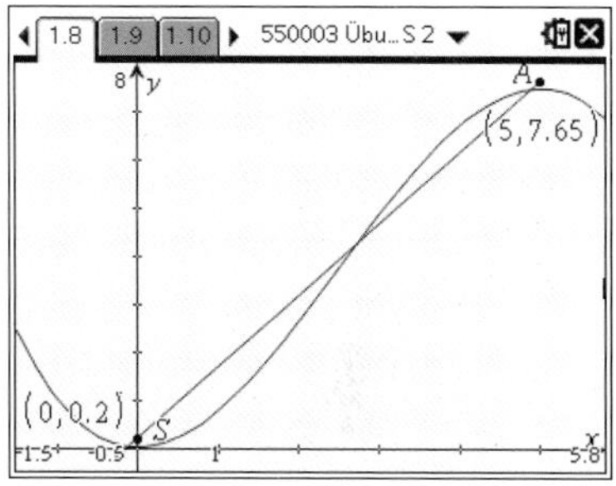

e) Klettert der Betrachter auf den 5 m hohen Beobachtungsturm, so ist die Position des Auges bei A(5 | 8,15). Von dieser Position kann der Betrachter die Spitze der Wasserfontäne sehen, wenn zwischen Auge und Spitze kein Hindernis vorhanden ist. Die minimale Höhe der Fontäne ergibt sich dann, wenn der Sehstrahl so gerade am Gelände vorbeigeht, der Sehstrahl also eine Tangente ist, die das Geländeprofil in einem Punkt B(a | g(a)) berührt. Die Steigung des Sehstrahls lässt sich erneut mit der Formel $m = \frac{y_1 - y_2}{x_1 - x_2}$ berechnen.

Es ist:

$$m = \frac{g(a) - 8{,}15}{a - 5}$$

Die Steigung der Tangente im Punkt B ist gleich der Steigung des Graphen im Punkt B. Diese Steigung ist gleich $g'(a) = g1(a)$.

Gleichsetzen der Steigungen und Lösen des entstehenden Gleichungssystems ergibt für a die ungefähren Lösungen:
$a \approx 1{,}5$ oder $a \approx 4{,}0$ oder $a \approx 5{,}8$

$a \approx 5{,}8$ liegt nicht im Definitionsbereich.

Beim Betrachten des Geländeprofils erkennt man, dass $a = 1{,}5$ keine Lösung sein kann, denn die Gerade durch A und S würde dann die y-Achse im negativen Bereich schneiden und S würde somit unterhalb des Brunnens liegen. Der Berührpunkt B hat somit die Koordinaten B(4,0 | 6,7).

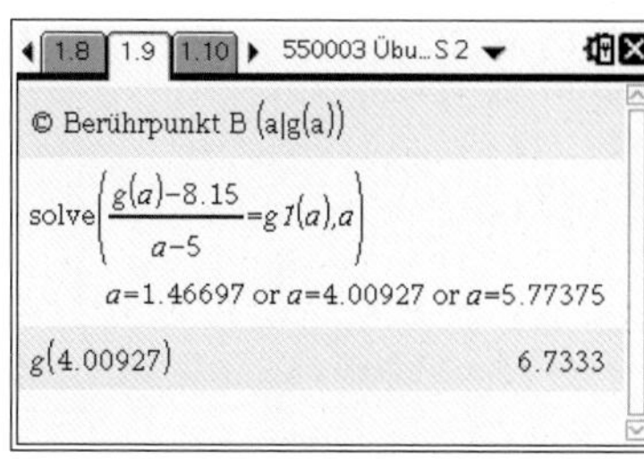

Die allgemeine Geradengleichung hat die Form: $y = m \cdot x + b$

Einsetzen der Koordinaten von B und der berechneten Steigung des Graphen im Punkt B in die Geradengleichung führt zu $b \approx 1{,}00$. Die Tangente schneidet somit die y-Achse im Punkt S(0 | 1,00), die Wasserfontäne muss daher mindestens 10 m hoch sein.

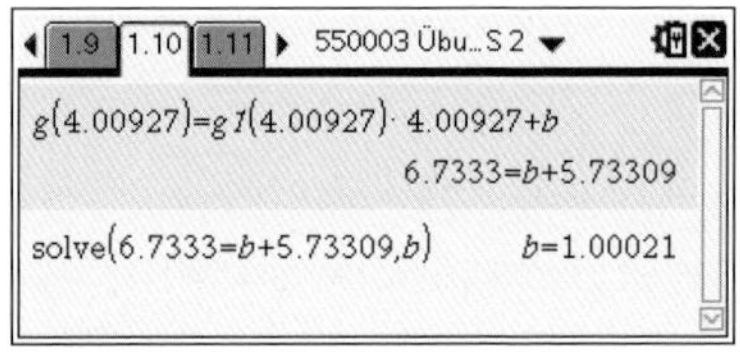

Alternativ: zeichnerische Lösung
Legt man einen Punkt B auf den Graphen der Funktion g zwischen dem Hoch- und Tiefpunkt und zeichnet anschließend eine Gerade durch B und A, so schneidet die Gerade im Allgemeinen den Graphen der Funktion in 2 Punkten. Durch Variation des Punktes B kann man nun erreichen, dass aus der Sekante eine Tangente wird. Diese zeichnerisch ermittelte Tangente hat ungefähr die Gleichung $y = 1{,}43x + 0{,}98$. Der y-Achsenabschnitt gibt die Höhe der Wasserfontäne an. Diese muss wenigstens 9,8 m hoch sein, damit der Betrachter auf dem Beobachtungsturm die Spitze der Fontäne sehen kann.

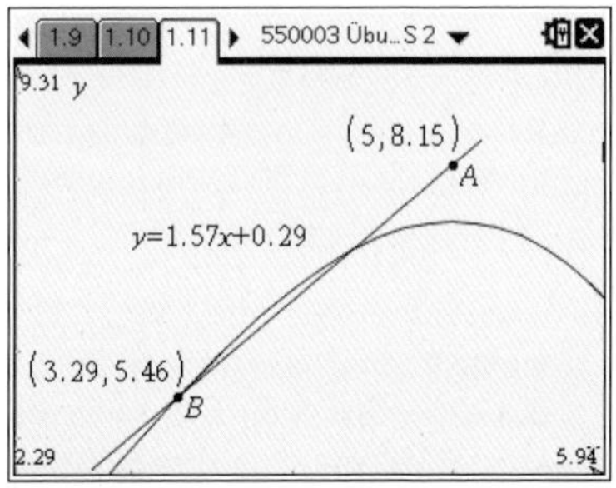

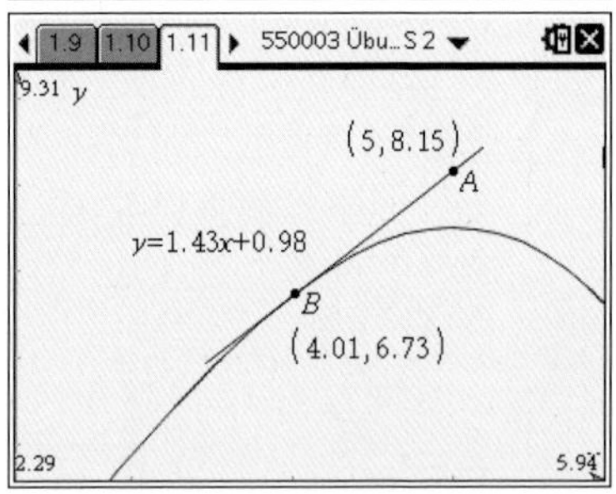

oder:

Legt man einen Punkt S auf der senkrecht aus dem Brunnen austretenden Wasserfontäne fest, so kann man eine Gerade durch die Punkte A und S zeichnen. Durch Variation des Punktes S auf der y-Achse kann man nun erreichen, dass die Gerade zur Tangente an den Graphen der Funktion g wird. Diese zeichnerisch ermittelte Tangente hat als Fontänenspitze den Punkt S(0 | 0,98). Die Fontäne muss also mindestens 9,8 m hoch sein.

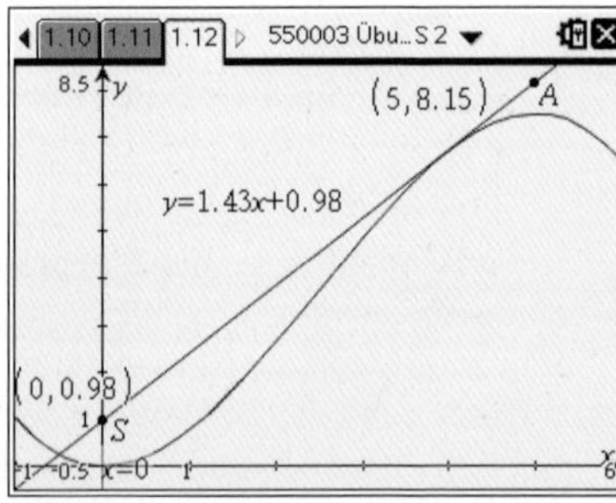

Zentrale Klausur am Ende der Einführungsphase 2016
Teil I: Hilfsmittelfreier Teil

Aufgabe 1: Analysis

Gegeben ist die Funktion f mit der Gleichung $f(x) = \frac{1}{3} \cdot x^3 - 5 \cdot x^2 + 16 \cdot x - 2$.
Untersuchen Sie die Funktion f rechnerisch auf lokale Minimal- und Maximalstellen. **(6 P)**

Aufgabe 2: Stochastik

Beim Spiel „Die wilde 8" wird das Glücksrad mit den beiden Zahlen 0 und 8 (siehe Abbildung) zweimal gedreht.

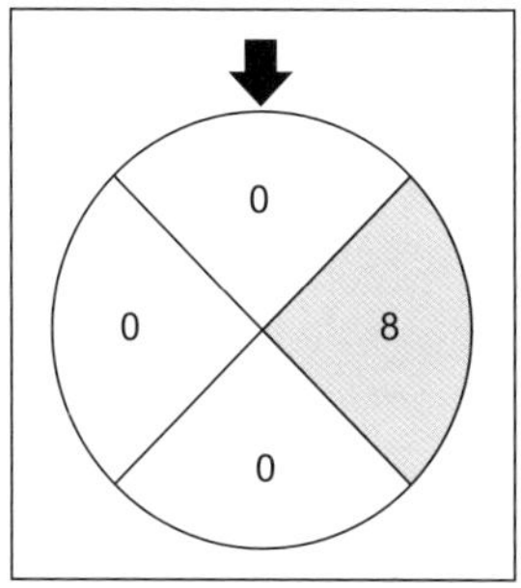

Abbildung

a) Erstellen Sie für dieses Zufallsexperiment ein vollständig beschriftetes Baumdiagramm mit allen Pfadwahrscheinlichkeiten. **(2 P)**

b) Die beiden Zahlen in den Feldern, auf die jeweils der Pfeil zeigt, werden addiert.

(1) Berechnen Sie die Wahrscheinlichkeiten dafür, dass sich
- die Summe 0 ergibt,
- die Summe 8 ergibt,
- die Summe 16 ergibt.

(2) Der Spieleinsatz für das zweimalige Drehen des Glücksrades beim Spiel „Die wilde 8" beträgt 8 €.
- Bei der Summe 0 gibt es keine Auszahlung, der Spieleinsatz ist verloren.
- Bei der Summe 8 wird der Spieleinsatz zurückgezahlt.
- Bei der Summe 16 wird der zehnfache Spieleinsatz ausgezahlt.

Der Spielleiter behauptet, das Spiel sei „fair". Das heißt, dass ein Spieler auf lange Sicht weder Gewinn noch Verlust macht.

Untersuchen Sie, ob es sich wirklich um ein faires Spiel handelt. **(2+2 P)**

Hinweise und Tipps

Aufgabe 1

- Bilden Sie die 1. Ableitungsfunktion mithilfe der Potenz-, Faktor- und Summenregel.
- Die notwendige Bedingung für eine Extremstelle ist $f'(x) = 0$.
- Lösen Sie die quadratische Gleichung mit der p-q-Formel oder mithilfe quadratischer Ergänzung.
- Achten Sie auf die hinreichende Bedingung für Extremstellen.
- Die hinreichende Bedingung für Extremstellen lautet: $f'(x) = 0$ und an der möglichen Extremstelle liegt für die Ableitungsfunktion ein Vorzeichenwechsel vor.
- Schließen Sie aus dem Vorzeichenwechsel auf die Art der Extremstelle.
- Beachten Sie, dass nur die Extremstellen und nicht die Extrempunkte gesucht sind.

Aufgabe 2 a

- Schließen Sie von der Größe der Kreissektoren auf die Wahrscheinlichkeit, dass ein Sektor „erdreht" wird.
- Denken Sie daran, dass sich beim Drehen des Rades die Wahrscheinlichkeit nicht ändert.

Aufgabe 2 b

- Wenden Sie zur Berechnung der Wahrscheinlichkeiten die Pfadmultiplikations- und Pfadadditionsregel an.
- Definieren Sie eine passende Zufallsgröße X. Sie kann zum Beispiel den zu erwartenden Gewinn oder den ausgezahlten Betrag angeben.
- Der Erwartungswert einer Zufallsgröße X gibt an, welcher Mittelwert bei oftmaliger Wiederholung des Zufallsexperiments zu erwarten ist.

$$E(X) = \sum_{i=1}^{n} x_i \cdot p_i = x_1 \cdot p_1 + \ldots + x_n \cdot p_n$$

- Ein Spiel ist fair, wenn der Erwartungswert des Gewinns für jeden Spieler gleich null ist.

Lösung

Aufgabe 1

Die Ableitung mithilfe der Potenz-, Faktor- und Summenregel ergibt:
$f'(x) = x^2 - 10x + 16$

Die notwendige Bedingung für eine Extremstelle lautet: $f'(x) = 0$
$x^2 - 10x + 16 = 0$

Nach Einsetzen in die p-q-Formel erhält man:

$x_{1;2} = 5 \pm \sqrt{25 - 16} = 5 \pm 3$

$\Rightarrow \quad x_1 = 2 \text{ und } x_2 = 8$

Alternativ: Durch quadratische Ergänzung erhält man:
$x^2 - 10x + 25 - 25 + 16 = 0$
$(x - 5)^2 = 9$

$\Rightarrow \quad x - 5 = -3 \quad \text{oder} \quad x - 5 = 3$
$x = 2 \qquad\qquad x = 8$

Die möglichen Extremstellen sind $x_1 = 2$ und $x_2 = 8$.

Die hinreichende Bedingung für Extremstellen ist: $f'(x) = 0$ und an der möglichen Extremstelle liegt für die Ableitungsfunktion ein Vorzeichenwechsel vor.
$f'(0) = 16 \ > 0$
$f'(5) = 25 - 50 + 16 = -9 \ < 0$
$f'(9) = 81 - 90 + 16 = 7 \ > 0$

An der Stelle $x = 2$ liegt ein „+/–“-Vorzeichenwechsel vor. $x = 2$ ist eine lokale (relative) Maximumstelle.

An der Stelle $x = 8$ liegt ein „–/+“-Vorzeichenwechsel vor. $x = 8$ ist eine lokale (relative) Minimumstelle.

Aufgabe 2

a) Der Kreis ist in 4 gleich große Kreissektoren unterteilt. Die Wahrscheinlichkeit für jeden Kreissektor ist somit $\frac{1}{4}$.
Die Wahrscheinlichkeit, eine 0 bzw. eine 8 zu „erdrehen“, ist damit:
$P(0) = \frac{3}{4}$ und $P(8) = \frac{1}{4}$

Beim Drehen des Glücksrades ändern sich die Wahrscheinlichkeiten nicht.

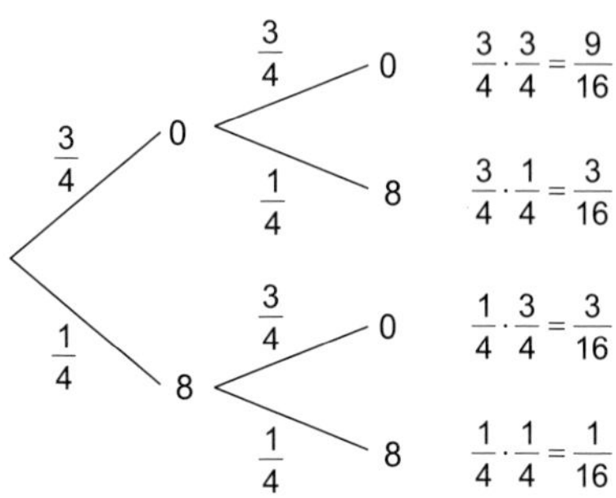

b) (1) Durch Ablesen am Baumdiagramm und mit der Pfadadditionsregel erhält man:

$$P(\text{„Summe 0"}) = P(0; 0) = \frac{9}{16}$$

$$P(\text{„Summe 8"}) = P(0; 8) + P(8; 0) = \frac{3}{16} + \frac{3}{16} = \frac{6}{16} = \frac{3}{8}$$

$$P(\text{„Summe 16"}) = P(8; 8) = \frac{1}{16}$$

(2) *1. Lösungsmöglichkeit:* Zufallsvariable X gibt den Gewinn an

	Summe 0	Summe 8	Summe 16
x_i	−8 €	0 €	72 €
$P(X=x_i)$	$\frac{9}{16}$	$\frac{3}{8}$	$\frac{1}{16}$

Ein Spiel ist fair, wenn der Erwartungswert des Gewinns für jeden Spieler gleich null ist.
Der Erwartungswert einer Zufallsgröße X gibt an, welcher Mittelwert bei oftmaliger Wiederholung des Zufallsexperiments zu erwarten ist.

$$E(X) = \sum_{i=1}^{n} x_i \cdot p_i = x_1 \cdot p_1 + \ldots + x_n \cdot p_n$$

$$E(X) = -8\,€ \cdot \frac{9}{16} + 0\,€ \cdot \frac{3}{8} + 72\,€ \cdot \frac{1}{16} = -4{,}50\,€ + 4{,}50\,€ = 0\,€$$

Da der Erwartungswert gleich 0 € ist, ist das Spiel „Die wilde 8" ein faires Spiel.

2. Lösungsmöglichkeit: Zufallsvariable X gibt den ausbezahlten Betrag an

	Summe 0	Summe 8	Summe 16
x_i	0 €	8 €	80 €
$P(X=x_i)$	$\frac{9}{16}$	$\frac{3}{8}$	$\frac{1}{16}$

$$E(X) = 0\,€ \cdot \frac{9}{16} + 8\,€ \cdot \frac{3}{8} + 80\,€ \cdot \frac{1}{16} = 3\,€ + 5\,€ = 8\,€$$

Bei einem Einsatz von 8 € erhält man durchschnittlich auf lange Sicht gesehen 8 € zurück (Auszahlung = Einsatz). Das Spiel „Die wilde 8" ist ein faires Spiel und die Behauptung des Spielleiters stimmt.

Zentrale Klausur am Ende der Einführungsphase 2016
Teil II: Innermathematische und kontextbezogene Aufgabe mit Hilfsmitteln

Aufgabe 3: Analysis (innermathematische Aufgabe)

Gegeben ist die Funktion f mit der Gleichung $f(x) = \frac{1}{48} \cdot x^3 - \frac{3}{8} \cdot x^2 + \frac{27}{16} \cdot x + 1$.
Die Abbildung 1 zeigt den Graphen von f.

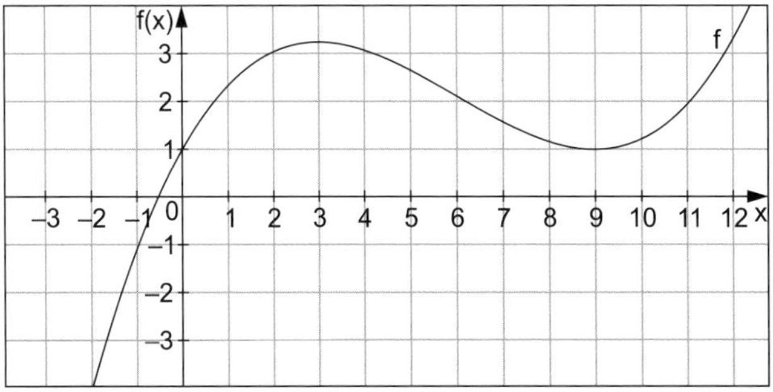

Abbildung 1

a) (1) Ermitteln Sie rechnerisch eine Gleichung der Geraden s durch die Punkte $H\left(3 \mid \frac{13}{4}\right)$ und $T(9 \mid 1)$.
[Zwischenergebnis: Die Gerade s hat die Steigung $-\frac{3}{8}$.]
(2) Es gibt zwei Stellen, an denen der Graph von f Tangenten hat, die parallel zur Geraden s verlaufen.
Ermitteln Sie diese Stellen auf zwei Nachkommastellen genau. **(5+4 P)**

b) Gegeben ist zusätzlich die Funktion g mit der Gleichung
$g(x) = \frac{1}{48} \cdot x^3 - \frac{3}{16} \cdot x^2 + \frac{13}{4}$.

(1) Zeichnen Sie den Graphen von g in die Abbildung 1 ein.

Der Graph der Funktion g geht durch eine Transformation aus dem Graphen der Funktion f hervor.

(2) Geben Sie diese Transformation an.

(3) Geben Sie eine Funktionsgleichung von g an, aus der die Transformation deutlich wird, durch die der Graph von g aus dem Graphen von f hervorgeht. **(4+2+2 P)**

c) Die folgenden Abbildungen 2.1 bis 2.5 veranschaulichen, wie man den Wert der Ableitung f'(2) näherungsweise ermitteln kann.

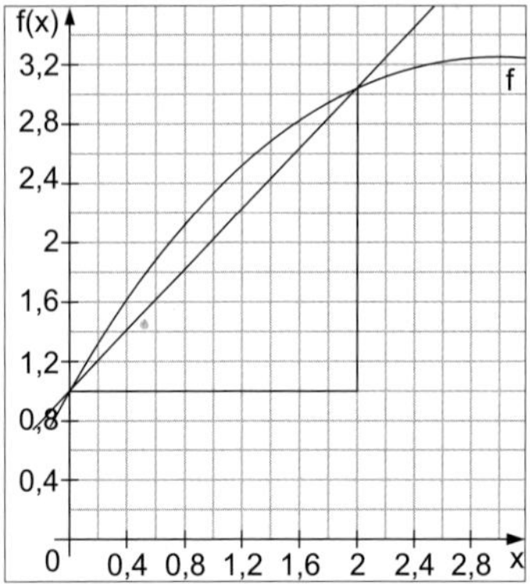

Abbildung 2.1

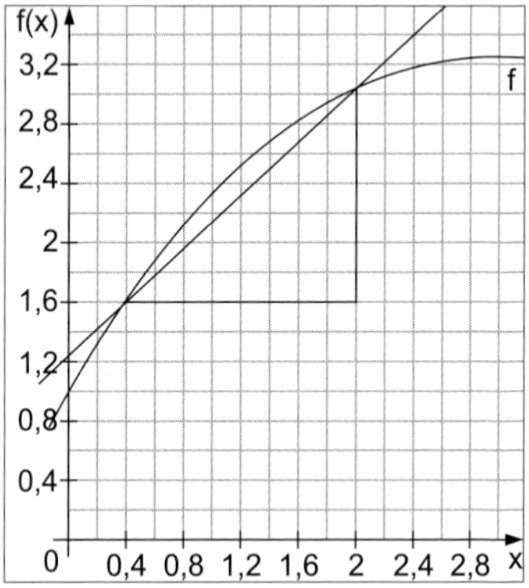

Abbildung 2.2

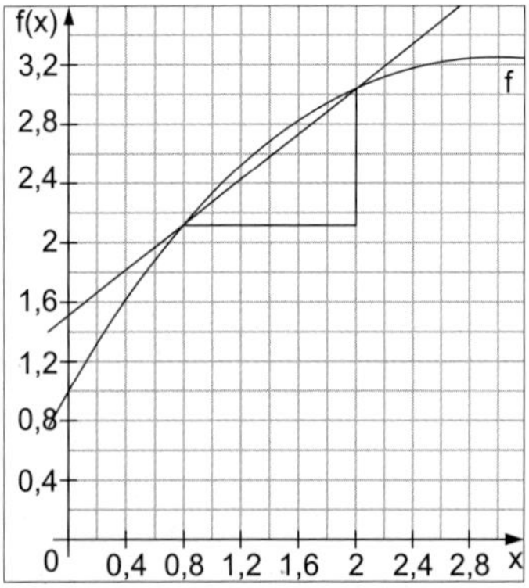

Abbildung 2.3

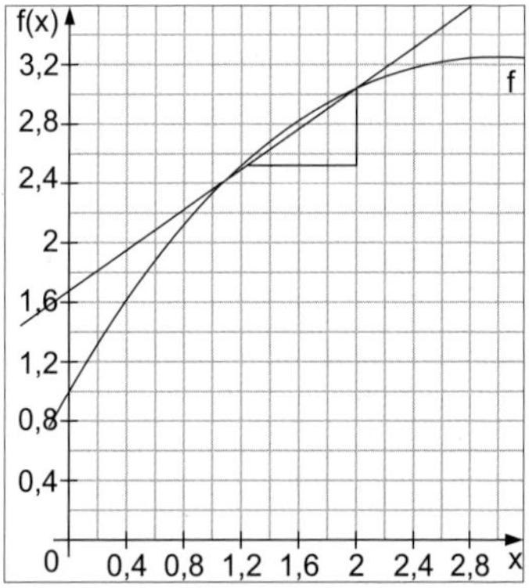

Abbildung 2.4

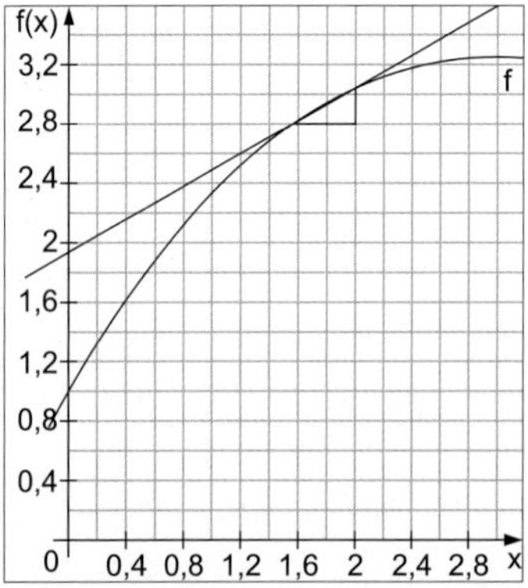

Abbildung 2.5

(1) Geben Sie an, welche Abbildung zum Differenzenquotienten $\frac{f(2) - f(0{,}8)}{2 - 0{,}8}$ gehört.

(2) Geben Sie an, welche geometrische Bedeutung der Wert f'(2) hat. Erklären Sie, warum in den Abbildungen 2.1 bis 2.5 veranschaulicht wird, wie dieser Wert immer genauer ermittelt werden kann. **(2+5 P)**

Aufgabe 4: Analysis (kontextbezogene Aufgabe)

Während seines Urlaubs im norwegischen Vardø beobachtet Heinz an einem Tag Anfang August die Sonne. Dabei misst er zu jeder vollen Stunde den Sonnenhöhenwinkel α (siehe Abbildung 1), um so zu bestimmen, wie hoch die Sonne über dem Horizont steht. Heinz trägt seine Winkelmessungen in ein Koordinatensystem ein (siehe Abbildung 2). Dabei entspricht t = 0 der Uhrzeit 12:00 Uhr mittags, t = 1 entspricht 13:00 Uhr usw. Der Uhrzeit 11:00 Uhr entspricht t = –1 usw.

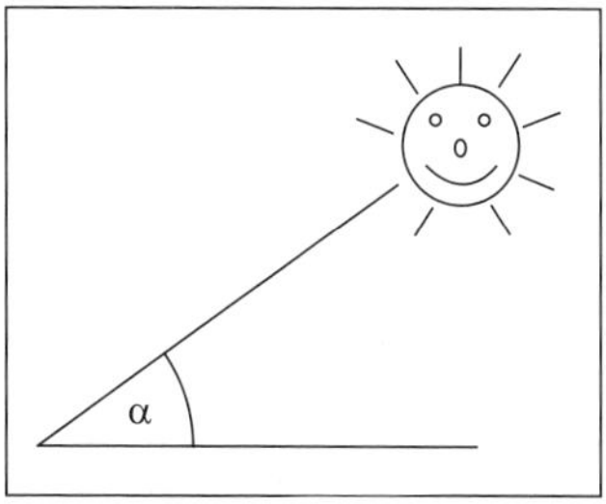

Abbildung 1

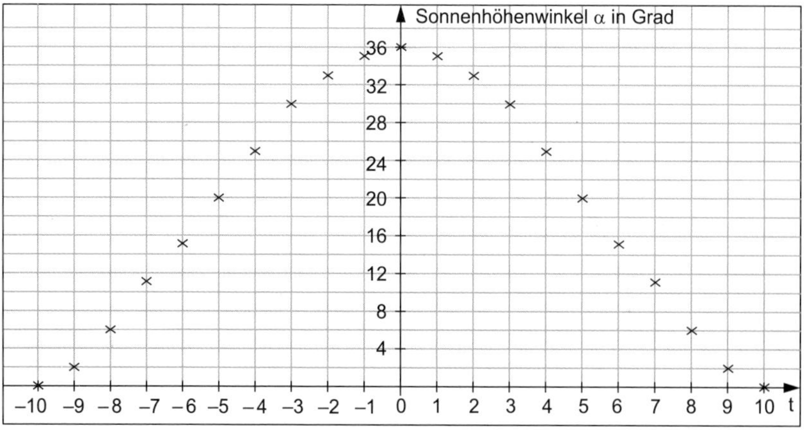

Abbildung 2

a) (1) Geben Sie den Sonnenhöhenwinkel an, den Heinz um 7:00 Uhr morgens misst.

(2) Geben Sie an, in welchem Zeitraum Heinz Sonnenhöhenwinkel misst, die mindestens 30 Grad betragen. **(2+2 P)**

Heinz modelliert anhand seiner Daten den Sonnenhöhenwinkel im Laufe des Tages mit einer ganzrationalen Funktion 4. Grades. Er verwendet dazu für $-10 \le t \le 10$ die Funktion f mit der Gleichung $f(t) = 0{,}0031 \cdot t^4 - 0{,}671 \cdot t^2 + 36{,}1$.
f(t) beschreibt den Sonnenhöhenwinkel in Grad zu der durch t gegebenen Uhrzeit.

b) Die Werte, die sich bei der Modellierung mit der Funktion f ergeben, weichen etwas von den Werten aus der Abbildung 2 ab.
Berechnen Sie die Abweichung zwischen dem um 7:00 Uhr morgens gemessenen Wert und dem entsprechenden Funktionswert. **(2 P)**

c) Bei der Messung von Heinz erreicht die Sonne ihren höchsten Stand um 12:00 Uhr mittags (siehe Abbildung 2).
Weisen Sie rechnerisch nach, dass auch bei der Modellierung mit der Funktion f die Sonne zu diesem Zeitpunkt ihren höchsten Stand erreicht. **(7 P)**

d) (1) Weisen Sie nach, dass gilt: $f'(-9) > f'(-2)$.
(2) Interpretieren Sie diese Ungleichung im Sachzusammenhang. **(2+2 P)**

An einem Tag Ende August beobachtet Heinz noch einmal die Sonne in Vardø. Um 04:00 Uhr morgens während des Sonnenaufgangs misst er den Sonnenhöhenwinkel 0 Grad, um 12:00 Uhr mittags ist der Sonnenhöhenwinkel mit 29 Grad maximal. Heinz möchte für diesen Tag den Sonnenhöhenwinkel mit einer ganzrationalen Funktion g modellieren.

e) (1) Skizzieren Sie in der Abbildung 2 den Verlauf eines möglichen Graphen von g.
(2) Für die Funktionsgleichung von g wählt Heinz den Ansatz:
$g(t) = a \cdot f(b \cdot t)$
Ermitteln Sie für a und b jeweils einen zu seiner Messung passenden Wert. **(3+4 P)**

Hinweise und Tipps

Aufgabe 3 a

- Die Steigung einer Geraden durch die beiden Punkte $P(x_P \mid y_P)$ und $Q(x_Q \mid y_Q)$ berechnet sich nach der Formel: $m = \frac{y_P - y_Q}{x_P - x_Q}$
- Bestimmen Sie den y-Achsenabschnitt, indem Sie die bekannten Werte in die allgemeine Form der Geradengleichung einsetzen.
- Die Steigung der Tangente an den Graphen einer Funktion f im Punkt P ist gleich der Steigung des Graphen der Funktion f im Punkt P.
- Bestimmen Sie die 1. Ableitungsfunktion mithilfe der Potenz-, Faktor- und Summenregel oder mithilfe Ihres CAS.
- Beachten Sie, dass der Operator „bestimmen Sie“ lautet.
- Die gesuchten Tangenten und die Gerade s haben die gleiche Steigung.

Aufgabe 3 b

- Achten Sie darauf, dass der Operator „zeichnen Sie“ und nicht „skizzieren Sie“ heißt.
- Bestimmen Sie die Hoch- und Tiefpunkte beider Funktionen.
- Vergleichen Sie die Koordinaten der Hoch- und Tiefpunkte der beiden Funktionen.
- Bei einer Verschiebung des Graphen einer Funktion f in Richtung der x-Achse um $|a|$ Einheiten wird f(x) zu f(x + a).
- Ist $a > 0$ $(a < 0)$, so wird die Verschiebung um a Einheiten nach links (rechts) ausgeführt.

Aufgabe 3 c

- Bestimmen Sie aus dem Differenzenquotienten die beiden Punkte, aus deren Koordinaten der Differenzenquotient gebildet wurde.
- Suchen Sie die Abbildung, in der das Steigungsdreieck mit diesen beiden Punkten enthalten ist.
- Achten Sie darauf, dass nach der geometrischen Bedeutung des Wertes und nicht nach dem Wert gefragt wird.
- Welche Bedeutung hat es für die Steigung der Sekante, wenn der zweite Punkt immer näher an den festen Punkt heranrückt?

Aufgabe 4 a

- Überlegen Sie, welchem Zeitpunkt 7:00 Uhr morgens entspricht, und entnehmen Sie der Abbildung 2 den zugehörigen Winkel.
- Bestimmen Sie mit Abbildung 2 die t-Werte, an denen 30° oder mehr erreicht werden.
- Geben Sie den zu den t-Werten gehörigen Zeitraum an.

Aufgabe 4 b

- Beachten Sie Aufgabenteil a(1).
- Berechnen Sie den Funktionswert zu dem t-Wert, der zu 7:00 Uhr gehört.
- Geben Sie die Abweichung an; bedenken Sie, dass die Abweichung positiv ist.

Aufgabe 4 c

- Bestimmen Sie die 1. Ableitungsfunktion mithilfe der Potenz-, Summen- und Faktorregel oder mithilfe Ihres CAS.
- Die notwendige Bedingung für Extremstellen ist $f'(t)=0$.
- Beachten Sie den Zeitraum, in dem Messwerte vorliegen, also den Definitionsbereich.
- Die hinreichende Bedingung für ein Maximum ist: $f'(t)=0$ und an der möglichen Maximumstelle liegt ein „+/–“-Vorzeichenwechsel bei der 1. Ableitungsfunktion vor.
- Beachten Sie, dass bei einem eingeschränkten Definitionsbereich auch Randextrema vorkommen können.
- Überprüfen Sie, ob das lokale Maximum auch das globale Maximum ist.

Aufgabe 4 d

- Berechnen Sie die Funktionswerte durch Einsetzen der zu den Uhrzeiten gehörigen t-Werte in die 1. Ableitungsfunktion.
- Bedenken Sie, dass der Funktionswert der 1. Ableitung an der Stelle t_0 die Steigung des Graphen an dieser Stelle angibt.
- Überlegen Sie, was die größere Steigung bedeutet.

Aufgabe 4 e

- Der Graph des Sonnenhöhenwinkels verläuft symmetrisch zur y-Achse.
- Der Graph hat mit 29° sein Maximum bei $t=0$.
- Vergleichen Sie den skizzierten Graphen mit den gemessenen Werten.
- Überlegen Sie, welche geometrischen Abbildungen die Funktionswerte aufeinander abbilden können.
- Der Graph der Funktion $g(x)=a \cdot f(x)$ entsteht aus dem Graphen der Funktion $f(x)$ durch Streckung bzw. Stauchung in Richtung der y-Achse mit dem Faktor a.
- Der Graph der Funktion $g(x)=f(b \cdot x)$ entsteht aus dem Graphen der Funktion $f(x)$ durch Streckung bzw. Stauchung in Richtung der x-Achse mit dem Faktor b.

Lösung

Aufgabe 3

a) (1) Die Steigung einer Geraden durch die beiden Punkte $P(x_P | y_P)$ und $Q(x_Q | y_Q)$ berechnet sich nach der Formel $m = \frac{y_P - y_Q}{x_P - x_Q}$.

$$m = \frac{\frac{13}{4} - 1}{3 - 9} = -\frac{3}{8}$$

Einsetzen der Steigung und der Koordinaten eines Punktes (hier: $T(9 | 1)$) in die allgemeine Form der Geradengleichung $y = mx + b$ ergibt:

GTR

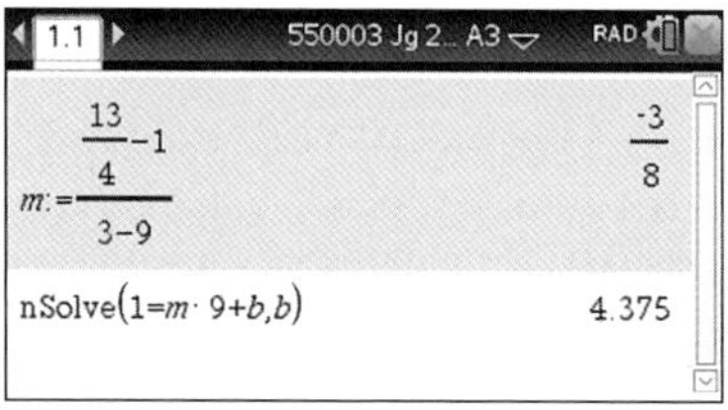

CAS

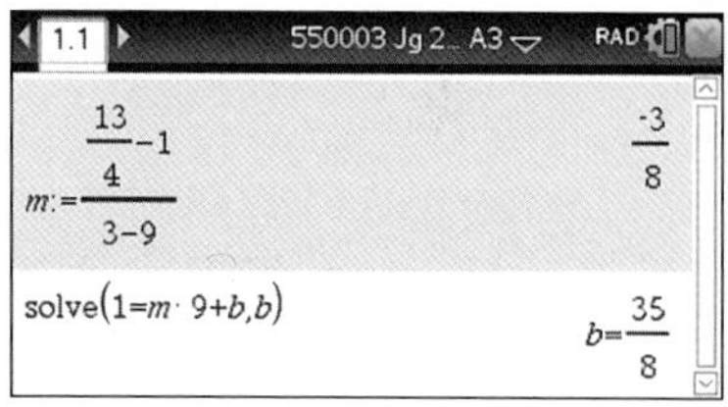

$\Rightarrow \quad b = 4{,}375 = 4\frac{3}{8}$

Die Gleichung der Geraden s lautet:

$$y = -\frac{3}{8}x + 4\frac{3}{8}$$

(2) Die Ableitung der Funktion f ergibt sich mithilfe der Potenz-, Faktor- und Summenregel zu:

$$f'(x) = \frac{1}{16}x^2 - \frac{3}{4}x + \frac{27}{16}$$

Verlaufen die beiden Tangenten an den Graphen der Funktion f parallel zur Geraden s, so haben sie dieselbe Steigung wie die Gerade s.

GTR: rechnerisch

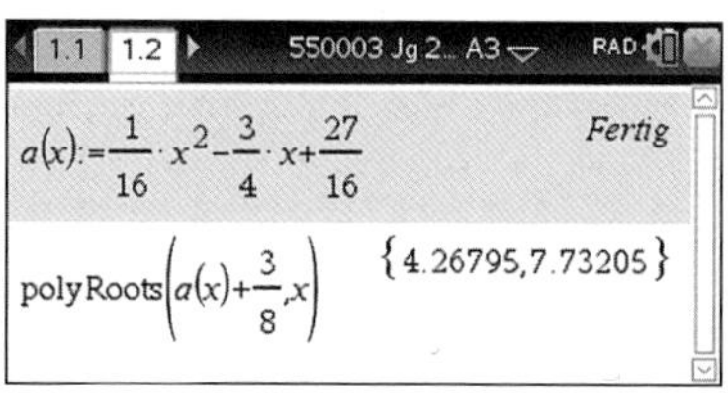

CAS: rechnerisch

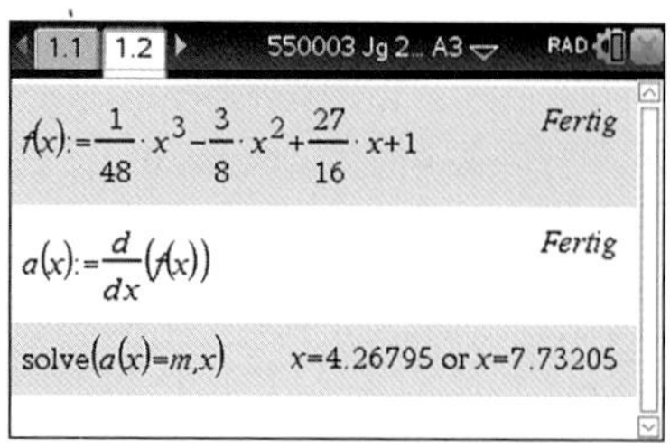

GTR/CAS: grafisch

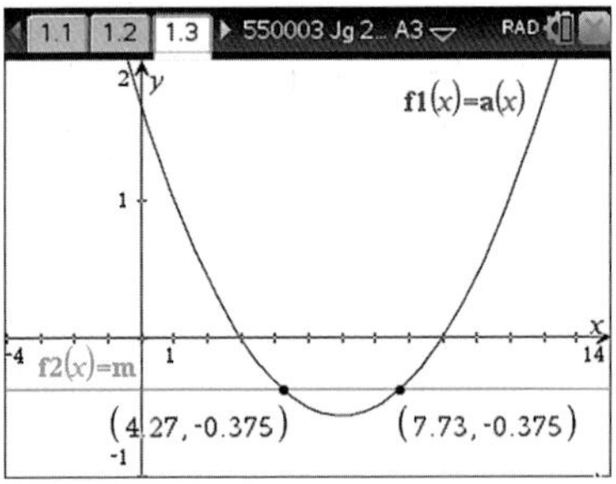

Die eine zur Geraden s parallele Tangente berührt den Graphen der Funktion an der Stelle $x_1 \approx 4{,}27$, die andere zur Geraden s parallele Tangente berührt den Graphen der Funktion an der Stelle $x_2 \approx 7{,}73$.

b) (1) Da der Graph der Funktion g gezeichnet werden soll, ist es günstig, diesen vorher mit dem GTR/CAS zu zeichnen und sich einige Funktionswerte und/oder eine Wertetabelle anzeigen zu lassen.

GTR/CAS

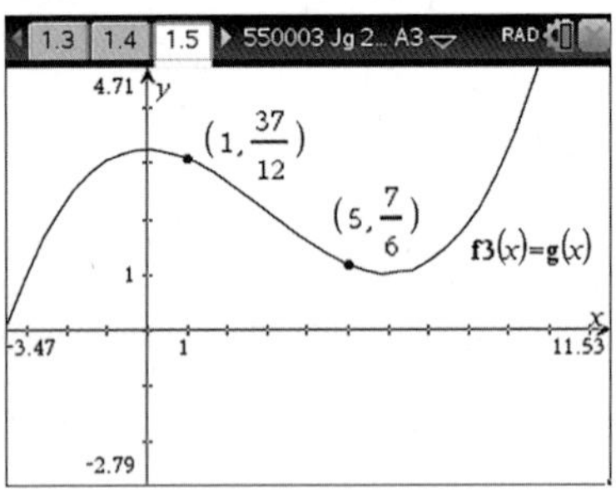

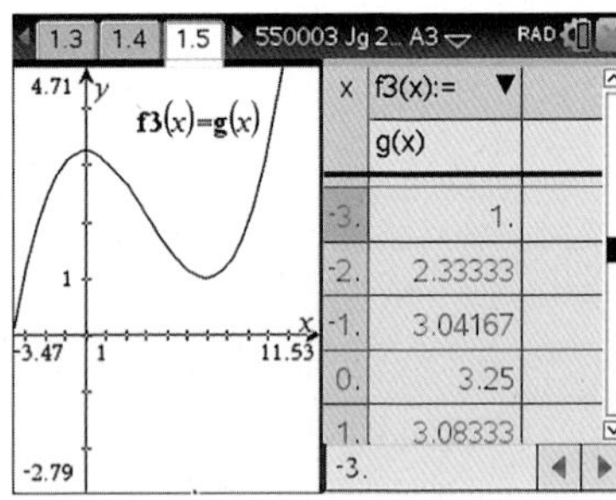

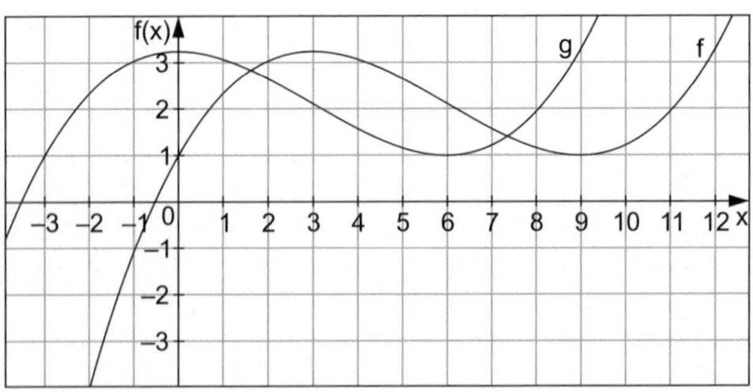

(2) Bestimmt man die Hoch- und Tiefpunkte der Graphen der Funktionen f und g, so erhält man:

GTR/CAS

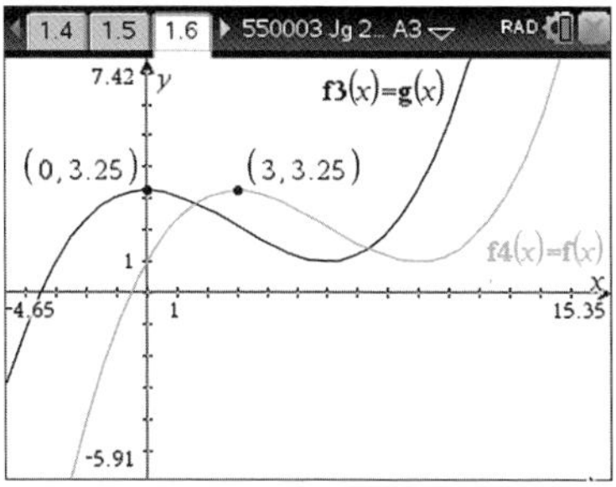

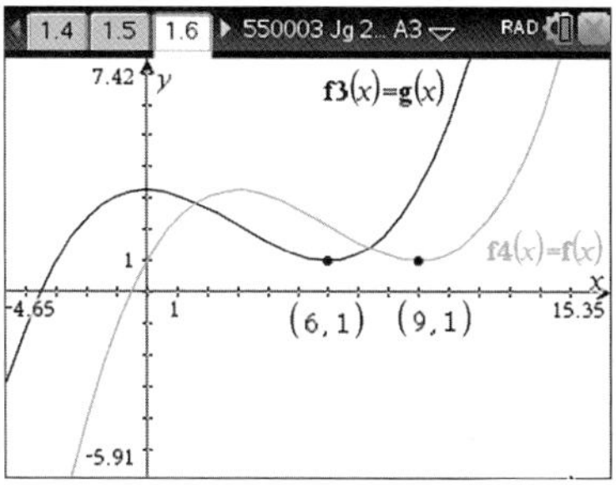

$H_f(3\,|\,3{,}25) \Rightarrow H_g(0\,|\,3{,}25)$ $\qquad$ $T_f(9\,|\,1) \Rightarrow T_g(6\,|\,1)$

Durch Vergleich der Koordinaten stellt man fest:
Der Graph der Funktion g geht aus dem Graphen der Funktion f hervor, indem er um 3 Einheiten nach links verschoben wird.

(3) Bei einer Verschiebung des Graphen einer Funktion f in Richtung der x-Achse um $|a|$ Einheiten wird f(x) zu f(x + a). Ist $a > 0$ ($a < 0$), so wird die Verschiebung um a Einheiten nach links (rechts) ausgeführt.

$g(x) = f(x + 3)$

c) (1) Alle Abbildungen enthalten ein Steigungsdreieck, bei dem der Punkt $P(2\,|\,f(2))$ ein Eckpunkt des Dreiecks ist.
Der Differenzenquotient berechnet sich nach der Formel $\frac{f(a) - f(x)}{a - x}$.
Durch Vergleich mit dem vorgegebenen Differenzenquotienten $\frac{f(2) - f(0{,}8)}{2 - 0{,}8}$ sieht man, dass der zweite Punkt der Punkt $Q(0{,}8\,|\,f(0{,}8))$ sein muss. Das Steigungsdreieck mit den Punkten P und Q ist in Abbildung 2.3 zu sehen.

(2) f'(2) gibt die Steigung der Tangente an den Graphen der Funktion im Punkt $P(2\,|\,f(2))$ an.
Der zweite Punkt der Geraden $Q(x_Q\,|\,f(x_Q))$, durch den die Gerade verläuft, nähert sich von links immer mehr dem Punkt $P(2\,|\,f(2))$ an. Die Steigung der Sekante nähert sich daher immer mehr der Steigung der Tangente im Punkt $P(2\,|\,f(2))$ an und entspricht im Grenzfall der Steigung der Tangente.

Aufgabe 4

a) (1) 7:00 Uhr morgens entspricht dem Zeitpunkt t = –5. Abbildung 2 entnimmt man, dass Heinz einen Sonnenhöhenwinkel von 20° misst.

(2) Abbildung 2 entnimmt man, dass der Sonnenhöhenwinkel von t = –3 bis t = 3 mindestens 30° beträgt. Dies entspricht dem Zeitraum von 9:00 Uhr bis 15:00 Uhr.

b) Der gemessene Sonnenhöhenwinkel um 7:00 Uhr beträgt 20° (siehe Aufgabenteil a(1)). Der modellierte Sonnenhöhenwinkel entspricht dem Funktionswert der Funktion f an der Stelle t = –5.

$f(-5) = 21{,}2625$

GTR/CAS

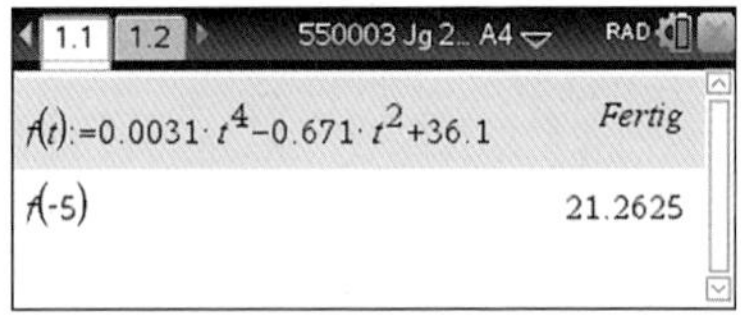

Die Abweichung zwischen dem modellierten und dem gemessenen Sonnenhöhenwinkel beträgt:

$21{,}2625 - 20 = 1{,}2625$ [Grad]

c) Die Bestimmung der 1. Ableitungsfunktion mithilfe der Potenz-, Summen- und Faktorregel ergibt:

$f'(t) = 0{,}0124t^3 - 1{,}342t$

Die notwendige Bedingung für Extremstellen ist $f'(t) = 0$.

GTR

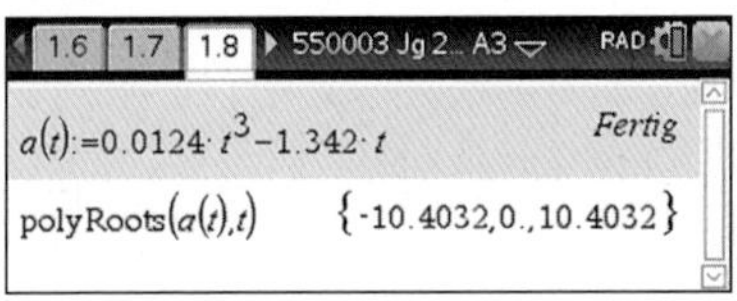

CAS

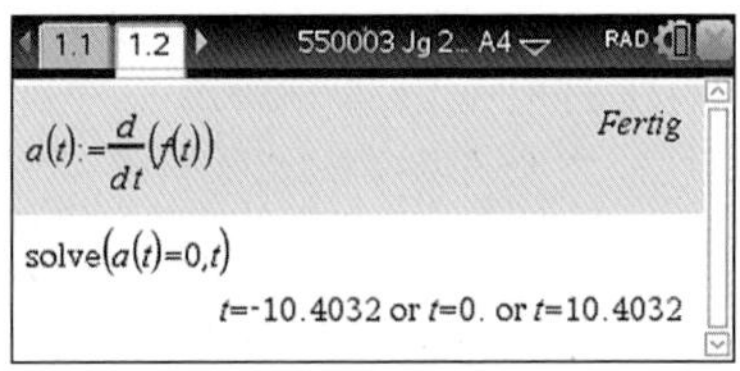

Die Nullstellen der ersten Ableitung sind $t_1 = 0$, $t_2 \approx 10{,}4$ und $t_3 \approx -10{,}4$.

t_2 und t_3 liegen nicht in dem Zeitraum, in dem die Messungen vorgenommen wurden (nur Werte von t = –10 bis t = 10 sind in Abbildung 2 angegeben).

Die hinreichende Bedingung für ein Maximum ist: $f'(t) = 0$ und an der möglichen Maximumstelle liegt ein „+ / –“-Vorzeichenwechsel bei der 1. Ableitungsfunktion vor.

$f'(-1) = 1{,}3296 \; > 0$

$f'(1) = -1{,}3296 \; < 0$

Zum Zeitpunkt t = 0 liegt ein lokales (relatives) Maximum vor.

GTR/CAS

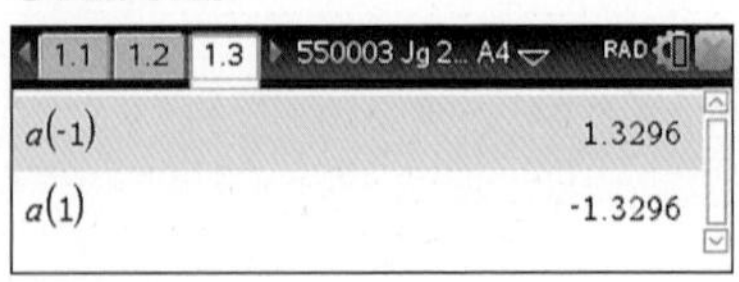

Untersuchung auf Randextrema:
f(0) = 36,1
f(–10) = 0
f(10) = 0

Bemerkung: Der Graph ist achsensymmetrisch zur y-Achse.

Das absolute Maximum wird für t = 0 angenommen; es beträgt 36,1 Grad.
Auch bei der Modellierung mit der Funktion f erreicht die Sonne um 12:00 Uhr ihren höchsten Stand.

GTR/CAS

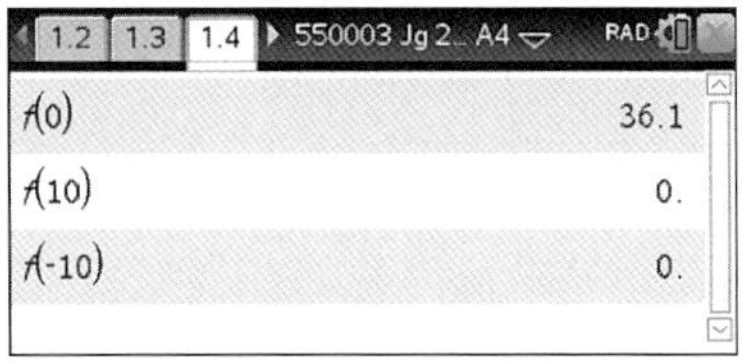

d) (1) f'(–9) = 3,0384
f'(–2) = 2,5848
Somit ist f'(–9) > f'(–2).

GTR/CAS

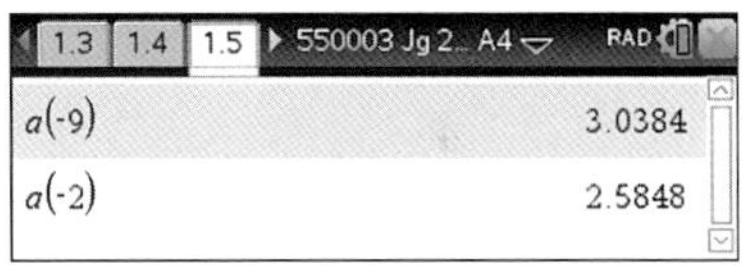

(2) Die Funktion f'(t) gibt die Steigung des Graphen der Funktion f an. f'(–9) > f'(–2) bedeutet somit, dass der Sonnenhöhenwinkel um 3:00 Uhr (t = –9) schneller zunimmt als um 10:00 Uhr (t = –2).

e) (1) Der Graph des Sonnenhöhenwinkels verläuft symmetrisch zur y-Achse. Die Funktionswerte für 4:00 Uhr (t = –8) und 20:00 Uhr (t = 8) stimmen überein und sind gleich 0 Grad. Um 12:00 Uhr (t = 0) beträgt der Sonnenhöhenwinkel 29 Grad.

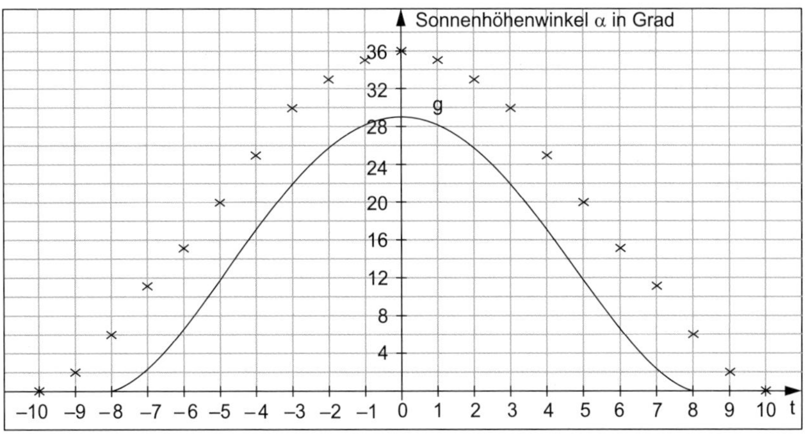

(2) Dem Ansatz und der Skizze entnimmt man, dass der Graph der Funktion g aus dem Graphen der Funktion durch Stauchung in Richtung der x- und y-Achse aus dem Graphen der Funktion f hervorgeht.

Der Graph der Funktion $g(x) = a \cdot f(x)$ entsteht aus dem Graphen der Funktion $f(x)$ durch Streckung bzw. Stauchung in Richtung der y-Achse mit dem Faktor
$|a|$: ($a > 1$: Streckung; $0 < a < 1$: Stauchung).
Der Graph der Funktion $g(x) = f(b \cdot x)$ entsteht aus dem Graphen der Funktion $f(x)$ durch Streckung bzw. Stauchung in Richtung der x-Achse mit dem Faktor
$|b|$: ($b > 1$: Stauchung; $0 < b < 1$: Streckung).

Das Verhältnis der Funktionswerte an der Stelle $t = 0$ gibt den Stauchungsfaktor in Richtung der y-Achse an.

$$a = \frac{29}{f(0)} \approx 0{,}803$$

GTR/CAS

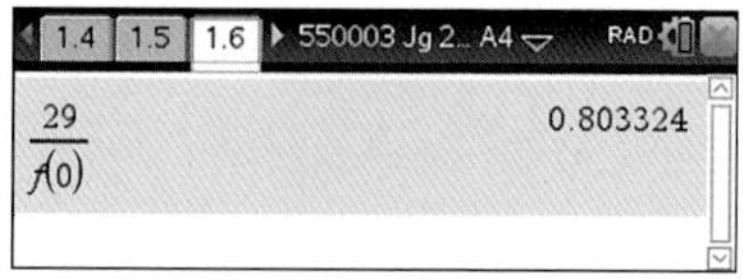

Bei der Bestimmung des Stauchungsfaktors in Richtung der x-Achse können die Nullstellen der Funktionen f und g betrachtet werden.

$$b = \frac{10}{8} = \frac{5}{4} = 1{,}25$$

Aufgabe 1: Analysis

Gegeben ist die Funktion f mit der Gleichung $f(x) = -x^3 + 2 \cdot x^2,\ x \in \mathbb{R}$.

Die Abbildung zeigt den Graphen von f.

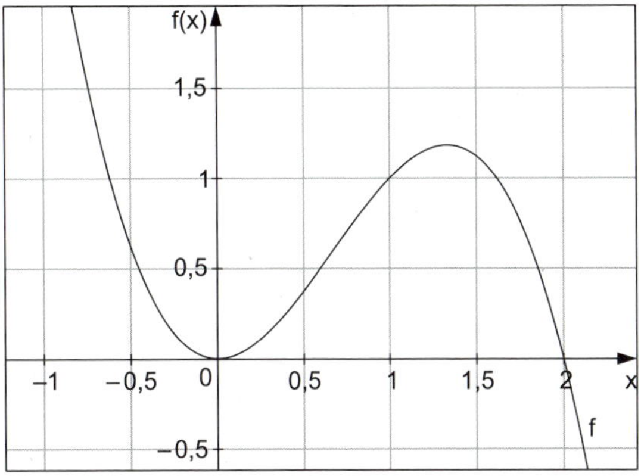

Abbildung

a) Bestimmen Sie rechnerisch eine Gleichung der Tangente t an den Graphen von f im Punkt $P(1\,|\,1)$. **(4 P)**

b) (1) Geben Sie die Koordinaten eines Punktes A an, in dem der Graph von f die Steigung null hat.

(2) Geben Sie die Koordinaten eines Punktes $B(x_B\,|\,y_B)$ an, sodass die Ableitung von f an der Stelle x_B negativ ist. **(1+1 P)**

Aufgabe 2: Stochastik

In einer Urne befinden sich schwarze (s) und weiße (w) Kugeln, die zusätzlich entweder mit dem Buchstaben A oder dem Buchstaben B beschriftet sind. Aus der Urne wird eine Kugel gezogen. Dieses Zufallsexperiment ist in dem folgenden unvollständig beschrifteten Baumdiagramm dargestellt.

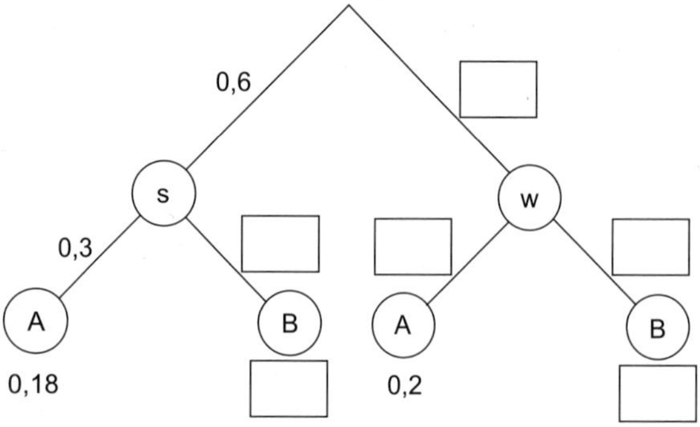

Baumdiagramm

a) Ermitteln Sie die fehlenden Wahrscheinlichkeiten und geben Sie diese in den Rechtecken im Baumdiagramm an. **(4 P)**

b) Von der gezogenen Kugel wird zunächst nur bekannt gegeben, dass sie mit dem Buchstaben A beschriftet ist.
Stellen Sie einen Term für die Wahrscheinlichkeit auf, dass es sich um eine schwarze Kugel handelt.
[Eine Berechnung der Wahrscheinlichkeit ist nicht erforderlich.] **(2 P)**

Hinweise und Tipps

Aufgabe 1 a

- Die Steigung der Tangente an den Graphen von f im Punkt P ist gleich der Steigung des Graphen im Punkt P.
- Bilden Sie die Ableitung mithilfe der Potenz-, Faktor- und Summenregel.
- Bestimmen Sie mithilfe der berechneten Steigung und den Koordinaten des Punktes P den y-Achsenabschnitt.
- Geben Sie die Gleichung der Tangente an.

Aufgabe 1 b

- Die Steigung ist gleich null bei den lokalen Extrempunkten des Graphen der Funktion.
- Entnehmen Sie der Abbildung einen Punkt, an dem die Steigung des Graphen gleich null ist.
- Achten Sie darauf, dass ein Punkt aus einer x- und einer y-Koordinate besteht.
- *Oder:* Berechnen Sie die Nullstellen der 1. Ableitungsfunktion f'(x).
- Beachten Sie, dass ein Punkt aus einer x- und einer y-Koordinate besteht.
- Ist die Ableitung von f negativ, so fällt der Graph der Funktion.
- Entnehmen Sie dem Graphen eine Stelle aus dem Bereich, in dem der Graph fällt.
- Vergessen Sie nicht, dass auch die y-Koordinate des Punktes B angegeben werden muss.

Aufgabe 2 a

- Die Summe der Wahrscheinlichkeiten, die von einem Verzweigungspunkt ausgehen, ist gleich 1.
- Die Summe der Wahrscheinlichkeiten aller Ergebnisse ist gleich 1.
- Die Wahrscheinlichkeit eines Ergebnisses am Ende eines Pfades ist gleich dem Produkt der Wahrscheinlichkeiten entlang des Pfades (Pfadmultiplikationsregel).

Aufgabe 2 b

- Beachten Sie, dass bekannt ist, dass die Kugel mit einem A beschriftet ist, man also eine Information kennt.
- Wenden Sie die Formel für bedingte Wahrscheinlichkeiten an.
- *Oder:* Tragen Sie die Wahrscheinlichkeiten in eine Vierfeldertafel ein und betrachten Sie nur die relevante Zeile oder Spalte.
- *Oder:* Tragen Sie die bekannten Wahrscheinlichkeiten in ein umgekehrtes Baumdiagramm ein und wenden Sie die Pfadmultiplikationsregel an.

Lösung

Aufgabe 1

a) Zur Berechnung der Steigung der Tangente an den Graphen von f im Punkt P wird die Steigung des Graphen im Punkt P ermittelt.
Eine Ableitung mithilfe der Potenz-, Faktor- und Summenregel ergibt:
$f'(x) = -3 \cdot x^2 + 4 \cdot x$
Einsetzen von $x = 1$ liefert die Steigung der Tangente:
$m = f'(1) = -3 \cdot 1^2 + 4 \cdot 1 = 1$
Einsetzen der Koordinaten des Punktes P und der Steigung m in die allgemeine Form der Geradengleichung $y = m \cdot x + n$ liefert den y-Achsenabschnitt:
$1 = 1 \cdot 1 + n$
$n = 0$
Die Tangente hat die Gleichung $t(x) = x$.

b) (1) Der Abbildung entnimmt man, dass der Ursprung $O(0|0)$ ein lokaler Tiefpunkt des Graphen ist und f(x) dort die Steigung 0 besitzt.

Rechnerische Alternativlösung (umständlicher und zeitaufwendiger):
Gleichsetzen von f'(x) mit 0 ergibt:

$$-3x^2 + 4x = 0$$
$$x \cdot (-3x + 4) = 0$$
$$\Rightarrow \quad x = 0 \quad \text{oder} \quad -3x + 4 = 0$$
$$x = \frac{4}{3}$$

$$f(0) = 0; \; f\left(\frac{4}{3}\right) = -\left(\frac{4}{3}\right)^3 + 2 \cdot \left(\frac{4}{3}\right)^2 = -\frac{64}{27} + \frac{32}{9} = \frac{32}{27}$$

Es ergeben sich die möglichen Punkte $A(0|0)$ und $A\left(\frac{4}{3} \,\middle|\, \frac{32}{27}\right)$.

(2) Ist die Ableitung von f negativ, so fällt der Graph der Funktion.
Dem Graphen sowie der Rechnung in (1) entnimmt man, dass der Graph für $x < 0$ und für $x > \frac{4}{3}$ fällt.
Wählt man z. B. $x_B = 2$ und berechnet $f(2) = -2^3 + 2 \cdot 2^2 = 0$, so ergibt sich der Punkt $B(2|0)$.

Aufgabe 2

a) Folgende Regeln werden verwendet:

(I) Die Summe der Wahrscheinlichkeiten, die von einem Verzweigungspunkt ausgehen, ist gleich 1.

(II) Die Summe der Wahrscheinlichkeiten aller Ergebnisse ist gleich 1.

(III) Die Wahrscheinlichkeit eines Ergebnisses am Ende eines Pfades ist gleich dem Produkt der Wahrscheinlichkeiten entlang des Pfades (Pfadmultiplikationsregel).

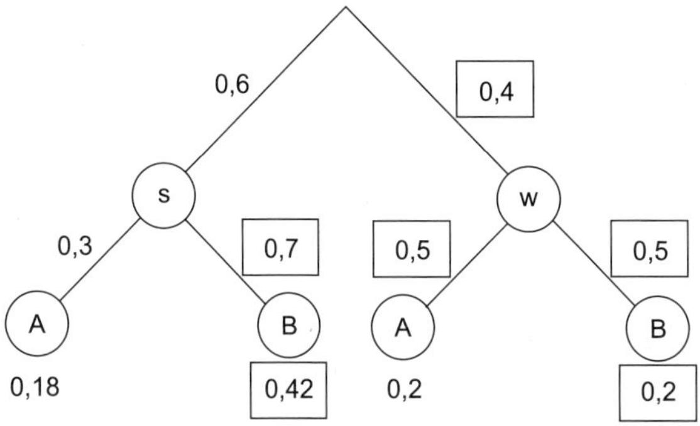

Im Einzelnen berechnet man (Rechenweg beim Operator „ermitteln“ nicht verlangt):

$P(w) = 1 - 0{,}6 = 0{,}4$ (Regel I)

$P_s(B) = 1 - 0{,}3 = 0{,}7$ (Regel I)

$P(s \cap B) = 0{,}6 \cdot 0{,}7 = 0{,}42$ (Regel III)

$P(w \cap B) = 1 - 0{,}18 - 0{,}42 - 0{,}2 = 0{,}2$ (Regel II)

$P(w) \cdot P_w(A) = 0{,}2 \Leftrightarrow P_w(A) = 0{,}2 : 0{,}4 = 0{,}5$ (Regel III)

$P_w(B) = 1 - 0{,}5 = 0{,}5$ (Regel I)

b) Bedingte Wahrscheinlichkeit: $P_A(s) = \frac{P(A \cap s)}{P(A)} = \frac{0{,}18}{0{,}18 + 0{,}2} = \frac{0{,}18}{0{,}38} = \frac{9}{19}$

Alternativ: Man trägt die Wahrscheinlichkeiten des Baumdiagramms in eine Vierfeldertafel ein und betrachtet die zu Ereignis A gehörende Zeile.

	s	w	
A	0,18	0,2	0,38
B	0,42	0,2	0,62
	0,6	0,4	1

So erhält man: $P_A(s) = \frac{0{,}18}{0{,}38} = \frac{9}{19}$

Alternativ: Man setzt die bekannten Wahrscheinlichkeiten $P_A = 0{,}18 + 0{,}2 = 0{,}38$ und $P(A \cap s) = 0{,}6 \cdot 0{,}3 = 0{,}18$ in ein umgekehrtes Baumdiagramm mit folgendem Pfad ein:

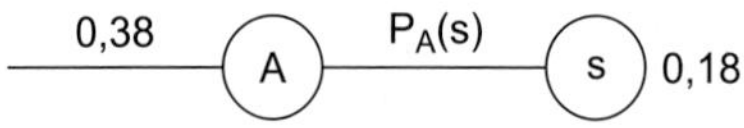

Mithilfe der Pfadmultiplikationsregel erhält man die Gleichung:
$0{,}38 \cdot P_A(s) = 0{,}18$

$P_A(s) = \frac{0{,}18}{0{,}38} = \frac{9}{19}$

Anmerkung: Die hier vorgenommenen Umformungen der Brüche sind nicht verlangt. Es reicht, den Term in einer der Formen anzugeben.

Aufgabe 3: Analysis

Gegeben ist die Funktion f mit der Gleichung $f(x) = \frac{1}{4} \cdot x^4 - 2 \cdot x^2 + 2,\ x \in \mathbb{R}$.

a) Bestimmen Sie (gerundet auf zwei Nachkommastellen) die Nullstellen der Funktion f. **(3 P)**

b) Zeigen Sie rechnerisch, dass $x = 2$ eine lokale Minimalstelle der Funktion f ist. **(6 P)**

c) Ausgehend von der Funktion f ist eine neue Funktion g mit der Gleichung

$$g(x) = f(x) - \frac{3}{2} \cdot x = \frac{1}{4} \cdot x^4 - 2 \cdot x^2 - \frac{3}{2} \cdot x + 2,\ x \in \mathbb{R},$$

gegeben. Die Abbildung 1 zeigt den Graphen von f, die Abbildung 2 zeigt den Graphen von g.
Nennen Sie zwei Unterschiede der Graphen von f und g.

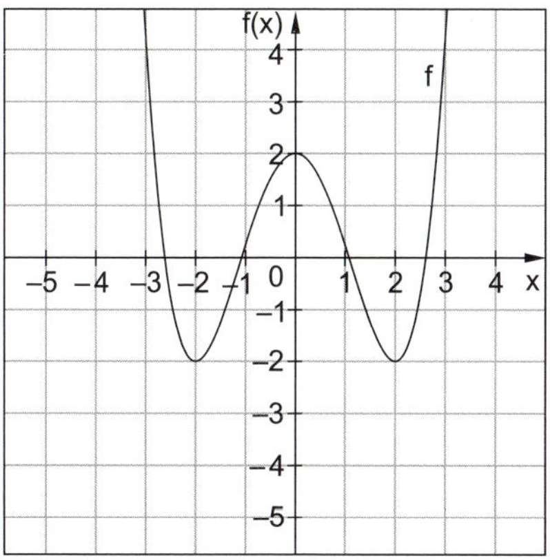

Abbildung 1

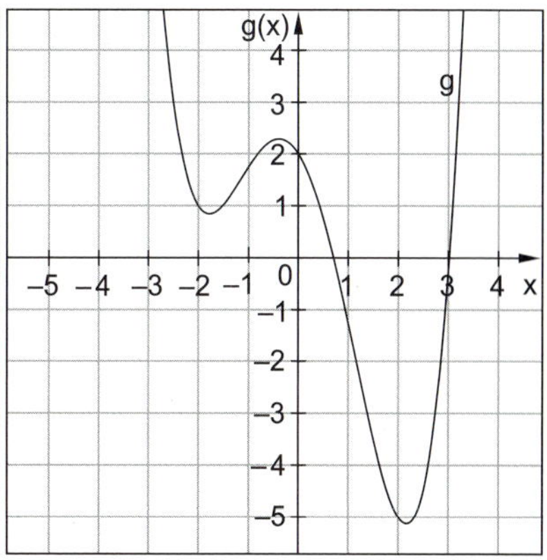

Abbildung 2

(4 P)

d) Die Gerade $t\colon y = -\frac{3}{2} \cdot x - 2$ ist die Tangente an den Graphen von g im Punkt $P(-2\,|\,1)$.
[Hinweis: Ein Nachweis, dass t die Tangente an den Graphen von g im Punkt P ist, ist nicht erforderlich.]

(1) Zeichnen Sie die Tangente t in die Abbildung 2 ein.

(2) Zeigen Sie rechnerisch, dass t auch in einem weiteren Punkt Q Tangente an den Graphen von g ist. **(2+6 P)**

e) Der Graph von g wird nun um 2 Einheiten nach rechts verschoben. Der verschobene Graph wird anschließend so weit nach unten verschoben, bis die Gerade t in zwei Punkten Tangente an den neuen Graphen ist.
Geben Sie an, um wie viele Einheiten der nach rechts verschobene Graph dazu nach unten verschoben werden muss, und begründen Sie Ihre Angabe. **(3 P)**

Aufgabe 4: Analysis

Ausgehend von den Daten aus einer Statistik der Vereinten Nationen kann das Durchschnittsalter der Bevölkerung in einem Land A mit Hilfe der Funktion a mit der Gleichung

$a(t) = -0{,}00011 \cdot t^3 + 0{,}0186 \cdot t^2 - 0{,}538 \cdot t + 24, \ \ t \in \mathbb{R},$

modelliert werden.
Dabei ist t die Zeit in Jahren seit 1950 und a(t) das zugehörige Durchschnittsalter in Jahren. Mit der Funktion a können Prognosen bis zum Jahr 2030 erstellt werden. Der Graph von a ist in Abbildung 1 dargestellt.

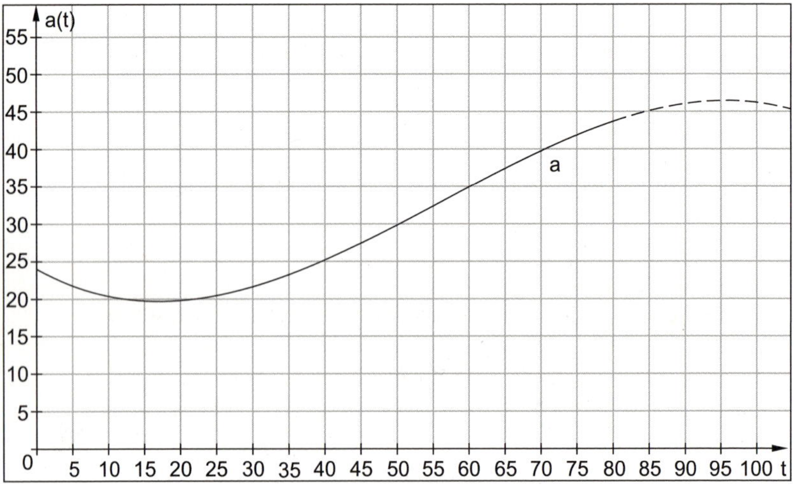

Abbildung 1

a) Bestimmen Sie das Durchschnittsalter der Bevölkerung für das Jahr 1950 ($t=0$) und den Prognosewert für das Jahr 2030 ($t=80$). **(4 P)**

b) Ermitteln Sie rechnerisch das niedrigste Durchschnittsalter der Bevölkerung im Zeitraum von 1950 bis 2030. **(8 P)**

c) Die Entwicklung des Durchschnittsalters der Bevölkerung im Zeitraum von 2030 bis 2050 soll durch die Tangente an den Graphen von a an der Stelle $t=80$ modelliert werden.
Ermitteln Sie in Abbildung 1 zeichnerisch näherungsweise das Durchschnittsalter der Bevölkerung für das Jahr 2050. **(3 P)**

d) In einem anderen Land B stimmte für das Jahr 1950 ($t=0$) das Durchschnittsalter der Bevölkerung nahezu mit dem Durchschnittsalter in dem Land A überein. Die Rate, mit der sich das Durchschnittsalter der Bevölkerung in dem Land B ändert, ist in der folgenden Abbildung 2 dargestellt.

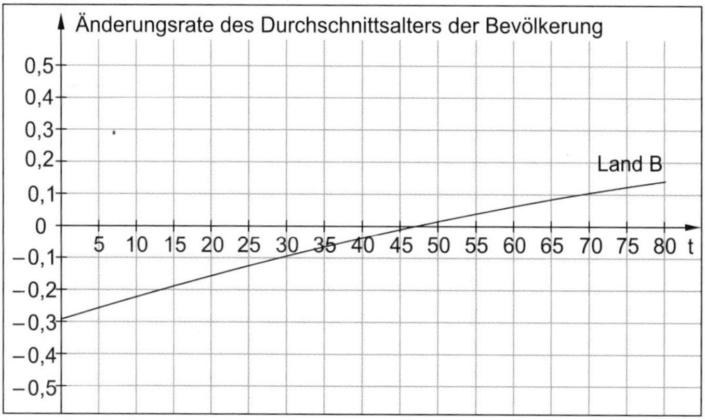

Abbildung 2

(1) Beurteilen Sie die folgende Aussage:
Das Durchschnittsalter der Bevölkerung in dem Land B wächst von 1950 bis 2030 durchgängig.

(2) Zeichnen Sie den Graphen der Ableitungsfunktion a' in die Abbildung 2 ein und geben Sie die Bedeutung von a'(t) im Sachzusammenhang an.

(3) Beurteilen Sie die folgende Aussage:
Im Jahr 2020 wächst das Durchschnittsalter der Bevölkerung in dem Land A schneller als in dem Land B. **(2+5+2 P)**

Hinweise und Tipps

Aufgabe 3 a

- In den Nullstellen der Funktion ist der Funktionswert gleich 0.

Aufgabe 3 b

- Die notwendige Bedingung für eine Extremstelle ist $f'(x) = 0$.
- Die hinreichende Bedingung für eine Minimalstelle ist: $f'(x) = 0$ und es liegt bzgl. der Ableitungsfunktion f' ein „–/+“-Vorzeichenwechsel an der möglichen Extremstelle vor.
- Bilden Sie die Ableitung der Funktion f mithilfe der Potenz, Faktor- und Summenregel.
- *Oder:* Zeigen Sie, dass bei $x = 2$ die Ableitungsfunktion den Wert 0 annimmt und dass dort ein „–/+“-Vorzeichenwechsel vorliegt.

Aufgabe 3 c

- Zwei Graphen können sich unterscheiden hinsichtlich des Grenzwertverhaltens, der Symmetrie, der Anzahl der Null- oder Extremstellen, des Wertebereichs oder auch hinsichtlich des Funktionswertes an einer bestimmten Stelle.

Aufgabe 3 d

- Beachten Sie, dass neben dem Punkt P auch noch der y-Achsenabschnitt der Tangente bekannt ist.
- Eine Gerade ist dann eine Tangente an den Graphen einer Funktion in einem Punkt, wenn die Funktionswerte und die Steigungen von Gerade und Graph der Funktion in diesem Punkt übereinstimmen.
- Bestimmen Sie die Stellen, in denen die Funktionswerte übereinstimmen.
- Überprüfen Sie, ob an diesen Stellen auch die Steigungen gleich sind.

Aufgabe 3 e

- Der Graph der Funktion $f(x + a)$ entsteht aus dem Graphen der Funktion $f(x)$ durch eine Verschiebung um $|a|$ Einheiten in Richtung der x-Achse ($a < 0$: Verschiebung nach rechts; $a > 0$: Verschiebung nach links).
- Überlegen Sie, bei welcher Verschiebung nach unten die Tangente wieder auf sich abgebildet wird, wenn man sie um 2 Einheiten in Richtung der x-Achse verschiebt.
- *Oder:* Beachten Sie, dass mit dem Graphen auch die Berührstellen verschoben werden.
- Ermitteln Sie die x-Koordinate der verschobenen Berührstellen.
- Berechnen Sie die Funktionswerte der verschobenen Funktion g und der Geraden t an diesen Stellen.

Aufgabe 4 a

- Setzen Sie $t = 0$ und $t = 80$ in den Funktionsterm ein.

Aufgabe 4 b

- Die notwendige Bedingung für eine Minimalstelle ist $a'(t) = 0$.
- Bilden Sie die Ableitung der Funktion a mithilfe der Faktor-, Potenz- und Summenregel.
- Achten Sie auf den Definitionsbereich.
- Die hinreichende Bedingung für ein Minimum ist: $a'(t) = 0$ und an der möglichen Minimalstelle liegt ein „–/+"-Vorzeichenwechsel vor.
- Beachten Sie, dass auch Randextrema vorkommen können.

Aufgabe 4 c

- Es bietet sich an, die Funktionsgleichung der Tangente zu bestimmen. So kann diese besser gezeichnet werden.
- Vergessen Sie nicht, den Funktionswert der Tangente an der Stelle $t = 100$ abzulesen.

Aufgabe 4 d

- Überlegen Sie, welche Bedeutung es hat, wenn der Graph der Änderungsrate im negativen Bereich verläuft.
- Bestimmen Sie den Verlauf des Graphen von a' im Grafikfenster und lesen Sie vor dem Zeichnen des Graphen in Abbildung 2 die Koordinaten einiger Punkte ab.
- Bedenken Sie, dass die Ableitungsfunktion f' einer Funktion f die Änderung der Funktionswerte angibt.
- Das Jahr 2020 entspricht $t = 70$.
- Vergleichen Sie die Änderungsraten von Land A und Land B zu diesem Zeitpunkt.

Lösung

Aufgabe 3

a) In den Nullstellen der Funktion ist der Funktionswert gleich 0. Gleichsetzen des Funktionsterms und Lösen der entstehenden Gleichung liefert die Nullstellen $x_1 \approx -2{,}61$; $x_2 \approx -1{,}08$; $x_3 \approx 1{,}08$; $x_4 \approx 2{,}61$.

GTR: rechnerisch

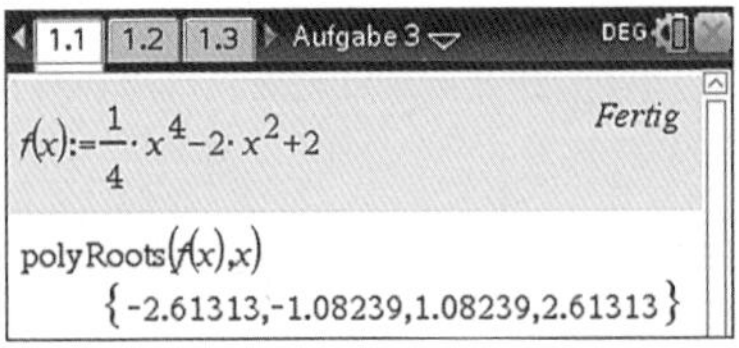

CAS: rechnerisch

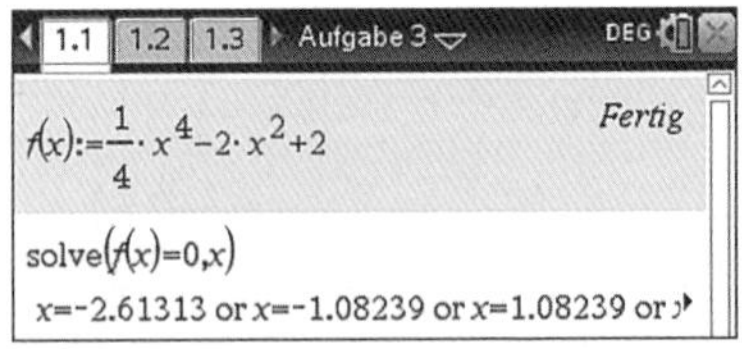

Alternative:
Der Operator „bestimmen" lässt auch die grafische Ermittlung der Nullstellen zu.

GTR/CAS: grafisch

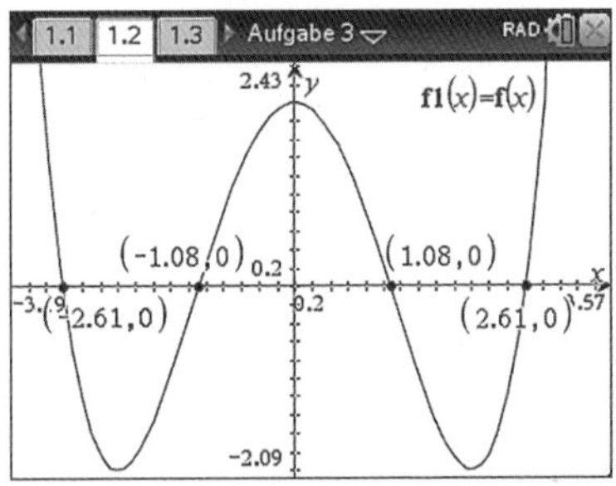

b) Die notwendige Bedingung für eine Extremstelle ist $f'(x)=0$.
Eine Ableitung der Funktion f mithilfe der Potenz-, Faktor- und Summenregel ergibt:

$f'(x) = x^3 - 4x$

$f'(x) = x \cdot (x^2 - 4) = x \cdot (x+2) \cdot (x-2)$

Die möglichen Extremstellen sind $x=-2$, $x=0$ sowie $x=2$.
Die hinreichende Bedingung für eine Minimalstelle ist: $f'(x)=0$ und es liegt bzgl. der Ableitungsfunktion f' ein „–/+"-Vorzeichenwechsel an der möglichen Extremstelle vor.

$f'(1) = 1-4 = -3$

$f'(3) = 27-12 = 15$

$\Rightarrow$ $x=2$ ist eine Minimalstelle.

GTR

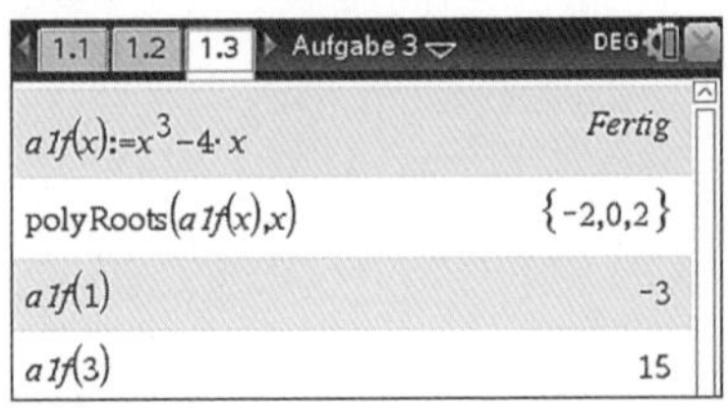

CAS

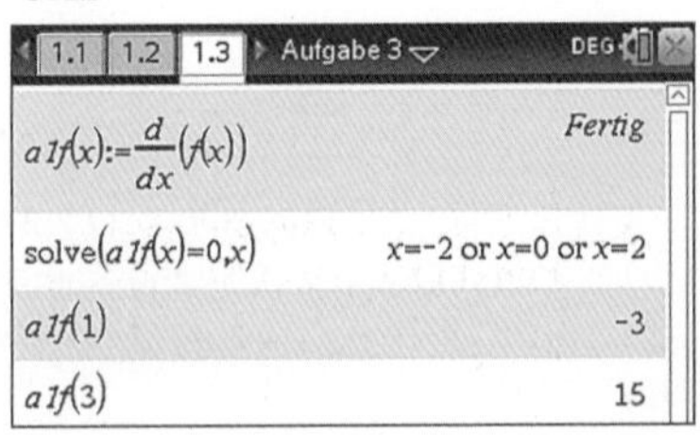

Alternativ: Ist $f'(2) = 0$ und liegt bei $x = 2$ ein „–/+“-Vorzeichenwechsel vor, so ist diese Stelle $x = 2$ eine Minimalstelle.

$f'(2) = 8 - 8 = 0$

$f'(1{,}99) \approx -0{,}079$

$f'(2{,}01) \approx 0{,}081$

$\Rightarrow \quad x = 2$ ist eine Minimalstelle.

GTR/CAS

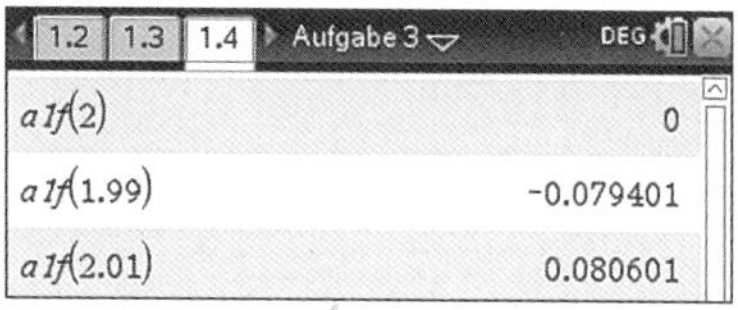

c) Es können z. B. zwei der folgenden Unterschiede angegeben werden:

Graph der Funktion f	Graph der Funktion g
4 Nullstellen	2 Nullstellen
achsensymmetrisch zur y-Achse	es liegt keine Symmetrie vor
Wertebereich: $[-2; \infty[$	Wertebereich: $[-5{,}2; \infty[$
relatives (lokales) Maximum bei $x = 0$	relatives (lokales) Maximum bei $x \approx -0{,}4$
absolute (globale) Minima bei $x = -2$ oder $x = 2$	absolutes (globales) Minimum bei $x \approx 2{,}17$

Anmerkung: Angegeben werden können auch alle Punkte der Graphen bis auf den Punkt $P(0\,|\,2)$, also z. B. $P_f\left(1 \,\middle|\, \frac{1}{4}\right)$ und $P_g\left(1 \,\middle|\, -\frac{5}{4}\right)$.

d) (1) Die Tangente t verläuft durch den vorgegebenen Punkt $P(-2\,|\,1)$ und schneidet die y-Achse im Punkt $S_y(0\,|\,-2)$.

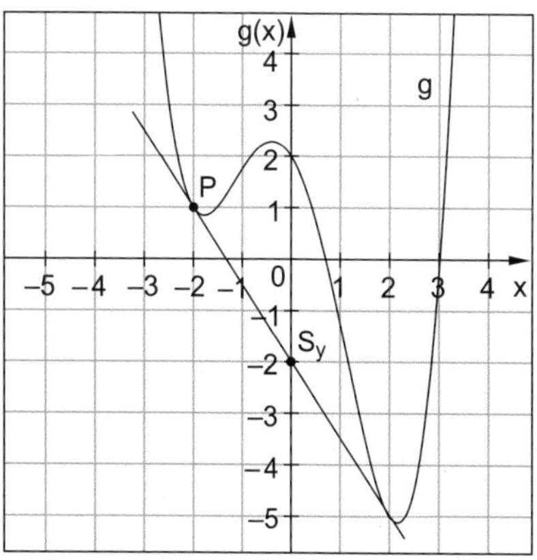

(2) Berührt die Tangente t den Graphen der Funktion f noch in einem weiteren Punkt $Q(x_Q\,|\,y_Q)$, so muss gelten:

$g(x_Q) = t(x_Q) \;\Leftrightarrow\; g(x_Q) - t(x_Q) = 0$

Setzt man g(x) und t(x) gleich bzw. die entsprechende Differenzfunktion $d(x) = g(x) - t(x)$ gleich 0 und löst die entstehende Gleichung, so erhält man als Lösungen $x = -2$ und $x = 2$.

GTR

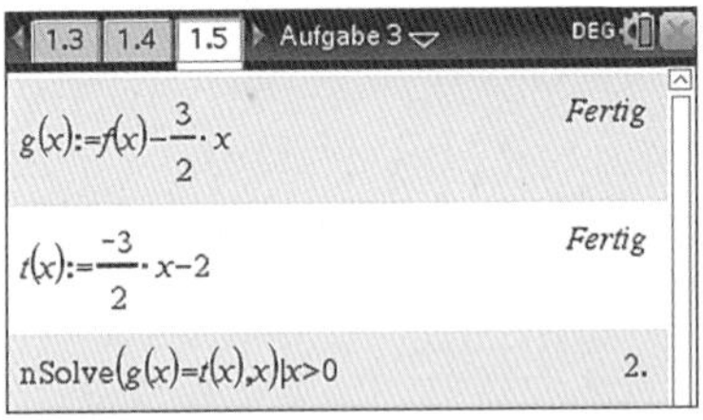

CAS

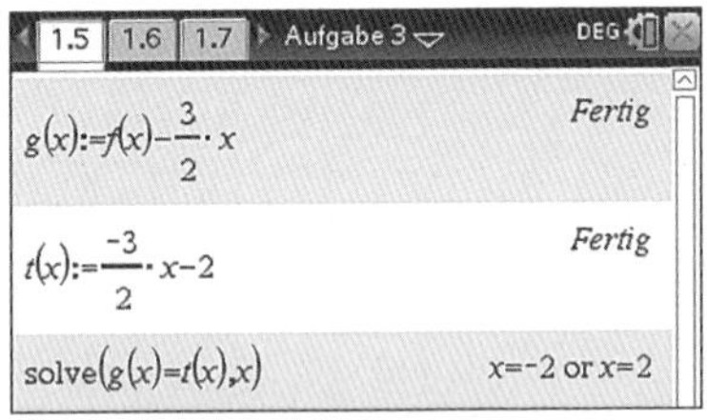

t ist dann eine Tangente im Punkt Q(2 | g(2)), falls gilt: $g'(2) = -1{,}5$
Eine Ableitung der Funktion g mithilfe der Potenz-, Faktor- und Summenregel ergibt:

$$g'(x) = x^3 - 4x - 1{,}5$$
$$g'(2) = 8 - 8 - 1{,}5 = -1{,}5$$

Für den Funktionswert an der Stelle $x = 2$ gilt:

$$g(2) = 4 - 8 - 3 + 2 = -5$$

Die Gerade t ist Tangente an den Graph der Funktion g im Punkt Q(2 | 5).

GTR/CAS

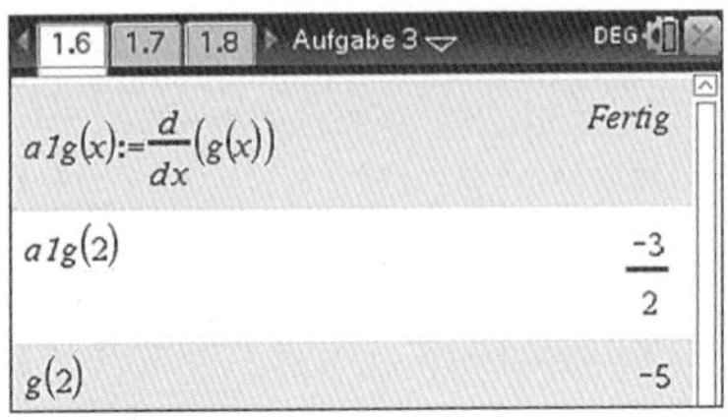

e) Würde man die Tangente auch um 2 Einheiten nach rechts und anschließend um c Einheiten ($c > 0$) nach unten verschieben, so muss sich wieder die Tangente ergeben. Geht man von einem beliebigen Punkt der Tangente aus, so bedeutet eine Steigung von $m = -\frac{3}{2}$ aber gerade, dass man einen weiteren Punkt der Geraden erhält, wenn man 2 nach rechts und 3 nach unten geht. c ist somit gleich 3.

Rechnerisch (mit CAS):
Die in x- und y-Richtung verschobene Tangente hat die neue Funktion $t_{neu}(x) = t(x-2)$. Die Tangente soll aber ihre Lage beibehalten, sodass zur Bestimmung von c die Gleichung $t_{neu}(x) - c = t(x)$ zu lösen ist.

$$-\frac{3}{2} \cdot (x-2) - 2 - c = -\frac{3}{2} \cdot x - 2$$
$$-\frac{3}{2} \cdot x + 3 - 2 - c = -\frac{3}{2} \cdot x - 2$$
$$c = 3$$

CAS

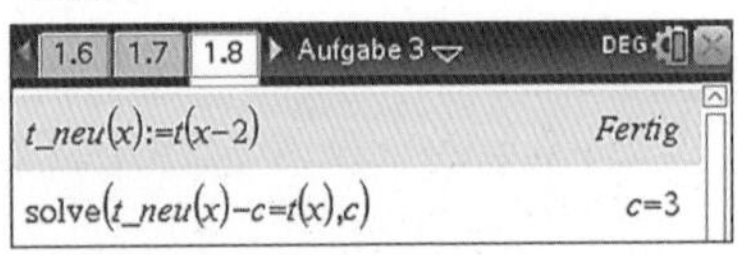

Alternative:
Eine Verschiebung des Graphen um 2 Einheiten nach rechts in Richtung der x-Achse bedeutet, dass die neue Funktion $g_{neu}(x) = g(x-2)$ lautet. Mit dem Graphen werden auch die Berührstellen um 2 Einheiten nach rechts geschoben.

GTR/CAS

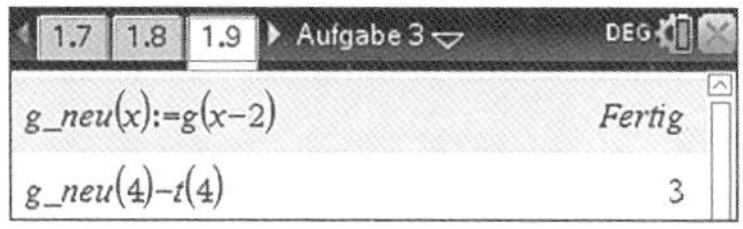

Berechnet man die Funktionswerte der Tangente und der Funktion g_{neu} an der rechten verschobenen Berührstelle $x = 4$, so gibt die Differenz $g_{neu}(4) - t(4) = 3$ die nötige Verschiebung nach unten an.

Aufgabe 4

a) Einsetzen von $t = 0$ bzw. $t = 80$ in den Funktionsterm ergibt $a(0) = 24$ und $a(80) = 43{,}68$.
Im Land A betrug das Durchschnittsalter der Bevölkerung im Jahr 1950 24 Jahre. Für das Jahr 2030 wird für Land A ein Durchschnittsalter der Bevölkerung von ca. 43,7 Jahren prognostiziert.

GTR/CAS

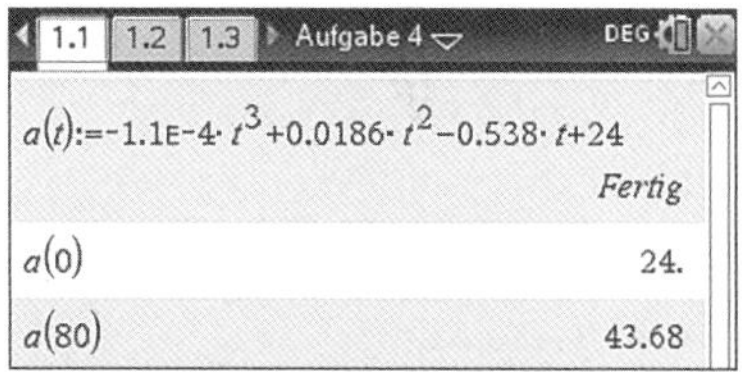

Anmerkung: Die Zahl $-0{,}00011$ wird vom GTR und CAS in wissenschaftlicher Schreibweise angezeigt.

b) Die notwendige Bedingung für eine Minimalstelle ist $a'(t) = 0$.
Eine Ableitung mithilfe der Faktor-, Potenz- und Summenregel ergibt:
$a'(t) = -0{,}00033t^2 + 0{,}0372t - 0{,}538$
Nullsetzen des Funktionsterms der 1. Ableitung ergibt die möglichen Minimalstellen $t_1 \approx 17{,}04$ und $t_2 \approx 95{,}69$.
Da nur der Zeitraum $0 \leq t \leq 80$ betrachtet wird, fällt t_2 weg.
Die hinreichende Bedingung für ein Minimum ist: $a'(t) = 0$ und an der möglichen Minimalstelle liegt ein „–/+"-Vorzeichenwechsel vor. Es ist:
$a'(17) = -0{,}00097$
$a'(17{,}05) = 0{,}000328$.
Folglich liegt bei $t \approx 17{,}04$ ein lokales (relatives) Minimum vor.
Da $a(17{,}04) \approx 19{,}7$ ist, beträgt das Durchschnittsalter zu diesem Zeitpunkt ca. 19,7 Jahre.

GTR

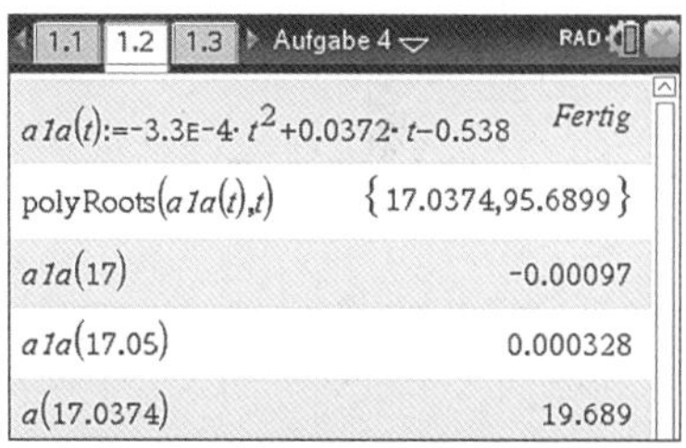

CAS

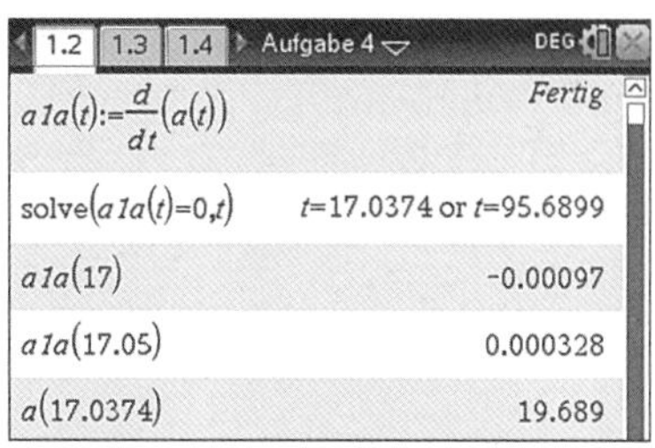

Ein Vergleich mit den in Aufgabenteil a berechneten Randwerten (mögliche Randextrema) zeigt, dass bei $t \approx 17{,}04$ ein absolutes (globales) Minimum vorliegt.

Anmerkung:
Eine numerische Berechnung des Minimums mithilfe des Befehls nfMin() wird aufgrund des Operators „rechnerisch bestimmen“ nicht angegeben.

c) Um die Tangente besser zeichnen zu können, bietet es sich an, die Gleichung der Tangente an den Graphen (und zugleich den Funktionswert der Tangente zum Zeitpunkt $t = 50$) grafisch oder rechnerisch zu bestimmen.

GTR/CAS

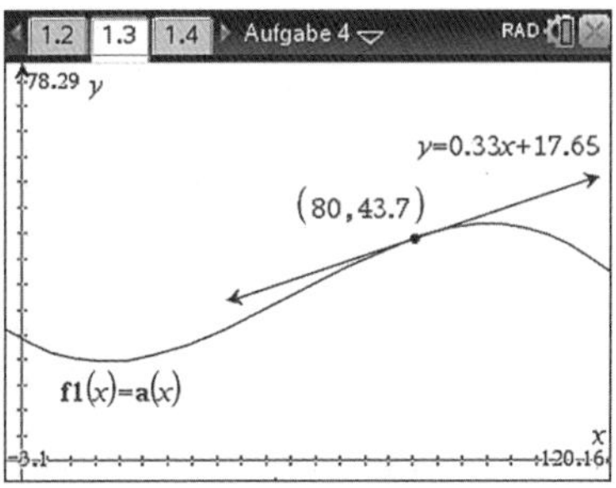

CAS

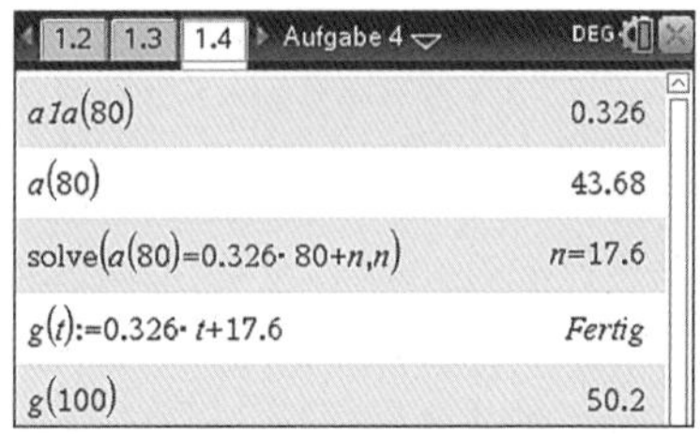

Anmerkung: Beim GTR muss der Befehl nSolve() verwendet werden.

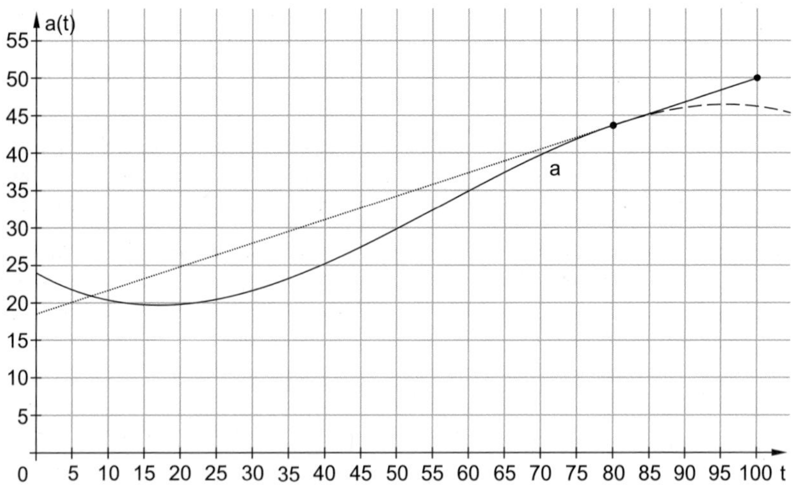

Für das Jahr 2050 ($t = 100$) ergibt sich für das Land A ein Durchschnittsalter von ca. 50 Jahren.

d) (1) Die Änderung des Durchschnittsalters für Land B ist bis ca. 1997 negativ; das Durchschnittsalter sinkt also in diesem Zeitraum. Die Aussage ist somit falsch.

(2) Zeichnet man den Graphen der Ableitungsfunktion a' im Grafikfenster, so kann man zum genaueren Zeichnen des Graphen im Spurmodus einige Punkte des Graphen ablesen und diese dann anschließend verbinden. Dies kann ebenfalls mithilfe einer Tabellenkalkulation geschehen.

GTR/CAS

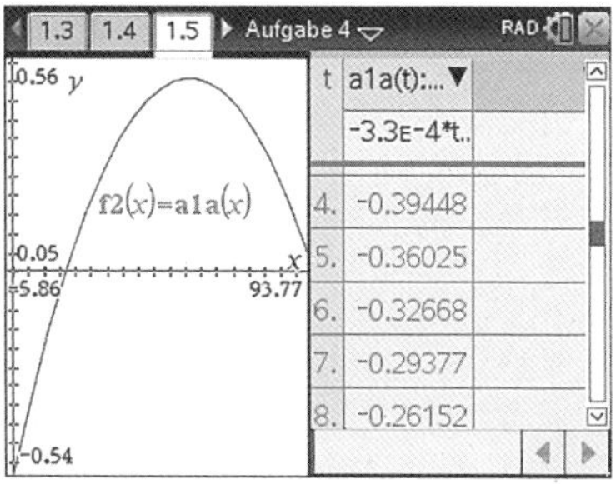

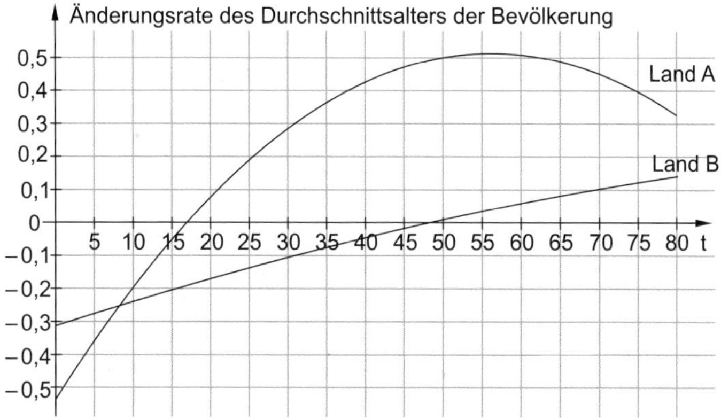

Die Ableitungsfunktion f' einer Funktion f gibt die Änderung der Funktionswerte an. Durch a'(t) wird daher die Änderungsrate des Durchschnittsalters der Bevölkerung im Land A für den Zeitraum 1950 bis 2030 modelliert.

(3) Die Aussage ist wahr. Im Jahr 2020 ($t = 70$) liegt die Änderungsrate des Durchschnittsalters der Bevölkerung im Land B bei 0,1, im Land A aber bei ca. 0,47.

Zentrale Klausur am Ende der Einführungsphase 2018
Prüfungsteil A: Aufgaben ohne Hilfsmittel

Aufgabe 1: Analysis

Gegeben ist die Funktion f mit der Gleichung

$f(x) = \frac{1}{2} \cdot x^3 + x^2 - x + 2, \ x \in \mathbb{R}.$

a) Berechnen Sie f'(2). **(3 P)**

b) In der Abbildung sind zwei Graphen A und B abgebildet, einer davon ist der Graph der Funktion f.

Für die Ableitung der Funktion f an der Stelle 0 gilt: $f'(0) = -1$

Entscheiden Sie mithilfe dieser Eigenschaft begründet, welcher der beiden Graphen der Graph von f ist.

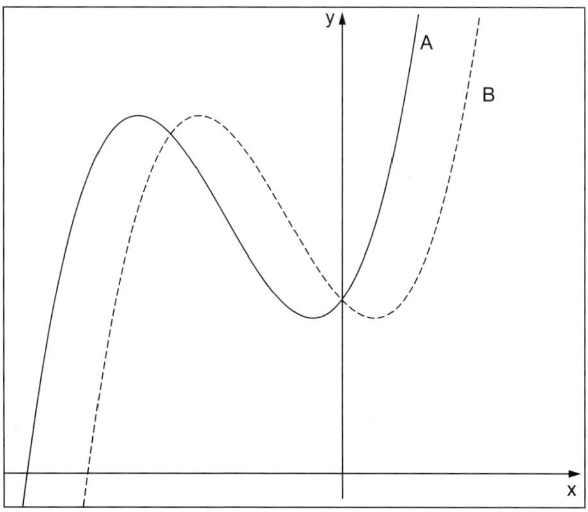

Abbildung **(3 P)**

Aufgabe 2: Stochastik

In einem Land sind 20 % der Bevölkerung mindestens 65 Jahre alt. Diese Personen werden im Folgenden Senioren genannt. 10 % der Bevölkerung des Landes sind Senioren, die das Internet nutzen. Insgesamt sind 85 % der Bevölkerung des Landes Internetnutzer.

a) Stellen Sie den oben beschriebenen Sachverhalt dar, indem Sie alle Prozentsätze in der folgenden Tabelle angeben.

	Nicht-Senioren	Senioren	Summe
Nutzer			
Nicht-Nutzer			
Summe			100 %

Tabelle **(4 P)**

b) Eine Person nutzt das Internet.
Stellen Sie einen Term für die Wahrscheinlichkeit auf, dass die Person ein Senior ist.
[Eine Berechnung der Wahrscheinlichkeit ist nicht erforderlich.] **(2 P)**

Hinweise und Tipps

Aufgabe 1 a

- Bilden Sie die Ableitungsfunktion mithilfe der Potenz-, Summen- und Faktorregel.
- Berechnen Sie die Ableitung an der Stelle $x = 2$ durch Einsetzen von 2.

Aufgabe 1 b

- Überlegen Sie, welche Bedeutung die Ableitungsfunktion für die Steigung des Graphen der Funktion hat.
- Betrachten Sie das Steigungsverhalten der Graphen A und B an der Stelle $x = 0$.
- Vergleichen Sie mit dem gegebenen Wert der Ableitungsfunktion von f an der Stelle $x = 0$ und ordnen Sie f einem der Graphen A oder B zu.

Aufgabe 2 a

- Übertragen Sie die Aussagen aus der Aufgabenstellung in die Tabelle.
- Ergänzen Sie die Tabelle durch Differenzbildung von bekannten oder schon berechneten Wahrscheinlichkeiten.

Aufgabe 2 b

- Wenden Sie die Formel zur Berechnung der bedingten Wahrscheinlichkeit an.
- *Oder:* Zeichnen Sie den Pfad eines Baumdiagramms und tragen Sie die bekannten Wahrscheinlichkeiten ein.
- Berechnen Sie die fehlende Wahrscheinlichkeit durch Anwenden der Pfadmultiplikationsregel.
- *Oder:* Normieren Sie die Wahrscheinlichkeit auf 100 %.

Lösung

Aufgabe 1

a) Ableiten der Funktion f mit $f(x) = \frac{1}{2} \cdot x^3 + x^2 - x + 2$ mithilfe der Potenz-, Summen- und Faktorregel führt zu:

$$f'(x) = \frac{3}{2}x^2 + 2x - 1$$

Einsetzen von 2 als Argument in die Ableitungsfunktion f' ergibt:

$$f'(2) = \frac{3}{2} \cdot 2^2 + 2 \cdot 2 - 1 = 9$$

b) Die Ableitung der Funktion f an einer Stelle a gibt die Steigung des Graphen der Funktion an der Stelle a an. Ist der Wert der Ableitung positiv, so steigt der Graph der Funktion, ist er negativ, so fällt der Graph der Funktion.

Da $f'(0) = -1$ gilt, die Ableitungsfunktion an der Stelle 0 also negativ ist, muss der Graph der Funktion im Punkt $P(0 \mid f(0))$ fallen. Dies ist nur der Fall bei Graph B. Der Graph der Funktion f wird somit durch den Graphen B dargestellt.

Aufgabe 2

a) Überträgt man die Aussagen in die Tabelle, so erhält man:

	Nicht-Senioren	Senioren	Gesamt
Nutzer		$10\,\% = 0{,}1$	$85\,\% = 0{,}85$
Nicht-Nutzer			
Gesamt		$20\,\% = 0{,}2$	$100\,\% = 1$

Durch Ergänzen bzw. Differenzbildung erhält man:
$P(\text{Nicht-Nutzer}) = 100\,\% - 85\,\% = 15\,\% = 0{,}15$
$P(\text{Nicht-Senioren}) = 100\,\% - 20\,\% = 80\,\% = 0{,}8$
$P(\text{Nicht-Nutzer} \cap \text{Senioren}) = 20\,\% - 10\,\% = 10\,\% = 0{,}1$
$P(\text{Nutzer} \cap \text{Nicht-Senioren}) = 85\,\% - 10\,\% = 75\,\% = 0{,}75$
$P(\text{Nicht-Nutzer} \cap \text{Nicht-Senioren}) = 80\,\% - 75\,\% = 5\,\% = 0{,}05$

Man erhält:

	Nicht-Senioren	Senioren	Gesamt
Nutzer	$75\,\% = 0{,}75$	$10\,\% = 0{,}1$	$85\,\% = 0{,}85$
Nicht-Nutzer	$5\,\% = 0{,}05$	$10\,\% = 0{,}1$	$15\,\% = 0{,}15$
Gesamt	$80\,\% = 0{,}8$	$20\,\% = 0{,}2$	$100\,\% = 1$

b) Das Ereignis „Nutzer“ ist eingetreten.
Die Formel für die bedingte Wahrscheinlichkeit ist:

$$P_{Nutzer}(\text{Senioren}) = \frac{P(\text{Nutzer} \cap \text{Senioren})}{P(\text{Nutzer})}$$

Ablesen der entsprechenden Wahrscheinlichkeiten aus der Tabelle und Einsetzen führt zu:

$$P_{Nutzer}(\text{Senioren}) = \frac{0{,}1}{0{,}85} = \frac{2}{17}$$

Die Wahrscheinlichkeit, dass die gesuchte Person ein Senior ist, beträgt $\frac{2}{17}$.

Alternativ:

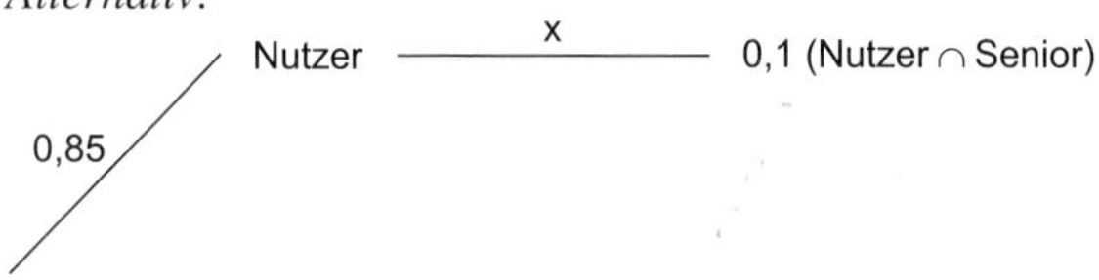

Anwenden der Pfadmultiplikationsregel führt zur Gleichung:

$$0{,}85 \cdot x = 0{,}1$$

$$x = \frac{0{,}1}{0{,}85} = \frac{2}{17}$$

Alternativ:

$$P(\text{Nutzer}) = 0{,}85$$

$$P(\text{Nutzer} \cap \text{Senioren}) = 0{,}1$$

Da die Person das Internet nutzt, kann die Wahrscheinlichkeit von 85 % auf 100 % normiert werden. Der „Normierungsfaktor“ ist $\frac{100}{85} = \frac{20}{17}$. Mit dem gleichen Normierungsfaktor muss nun auch die Wahrscheinlichkeit für das Ereignis „Nutzer $\cap$ Senior“ multipliziert werden.

$$\frac{20}{17} \cdot 0{,}1 = \frac{2}{17}$$

Die Wahrscheinlichkeit, dass die gesuchte Person ein Senior ist, beträgt $\frac{2}{17}$.

Anmerkung:
Aufgrund des Hinweises in der Aufgabenstellung reicht es, den Bruch in der Form $\frac{0{,}1}{0{,}85}$ anzugeben.

Aufgabe 3: Analysis

Gegeben ist die Funktion f mit der Gleichung

$f(x) = x^4 - 8 \cdot x^3 + 6 \cdot x^2 + 40 \cdot x, \ x \in \mathbb{R}$.

Der Graph der Funktion f ist in der folgenden Abbildung dargestellt.

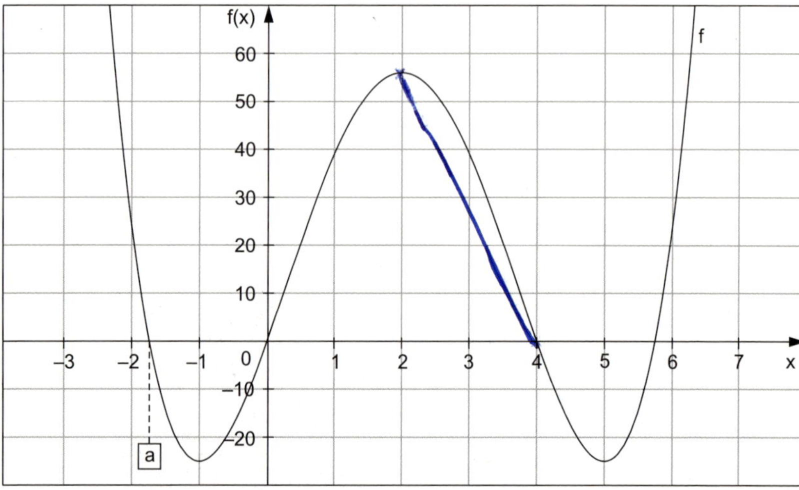

Abbildung

a) Ermitteln Sie die in der Abbildung markierte Nullstelle a auf zwei Nachkommastellen genau. **(2 P)**

b) Weisen Sie rechnerisch nach, dass $x = 2$ eine lokale Maximalstelle der Funktion f ist. **(6 P)**

c) (1) Zeichnen Sie die Sekante s_1 durch die Punkte $H_1(2|56)$ und $P_1(4|0)$ des Graphen von f in die Abbildung ein und berechnen Sie die Steigung von s_1.

(2) Bestimmen Sie rechnerisch eine Gleichung der Tangente t an den Graphen von f im Punkt $P_1(4|0)$.
[Zur Kontrolle: Die Steigung von t ist $m_t = -40$.]

(3) Zeichnen Sie die Tangente t in die Abbildung ein.

(4) Die Steigung einer Sekante s_2 durch den Punkt $P_1(4|0)$ und einen weiteren Punkt P_2 des Graphen von f soll sich um weniger als 0,1 von der Steigung der Tangente t unterscheiden.
Ermitteln Sie durch systematisches Probieren die Koordinaten eines Punktes P_2 so, dass diese Bedingung erfüllt ist. **(3 + 4 + 2 + 3 P)**

d) Der Graph der Funktion f wird nacheinander folgenden Transformationen unterzogen:
- Der Graph wird in Richtung der y-Achse so gestaucht, dass der gestauchte Graph den lokalen Hochpunkt $H_2(2|28)$ besitzt.
- Im Anschluss wird der gestauchte Graph um drei Einheiten nach rechts verschoben.

Die Funktion, die zum so veränderten Graphen gehört, wird mit g bezeichnet.
Geben Sie eine Gleichung von g an.

[Hinweis: Eine Vereinfachung der Gleichung von g ist nicht erforderlich.] **(4 P)**

Aufgabe 4: Analysis

Aufgrund ergiebiger Regenfälle wurde in der zweiten Oktoberhälfte 2016 am Rhein ein Ansteigen des Wassers beobachtet.
Am 20. 10. 2016 um 0:00 Uhr wurde an der Messstelle in Bonn ein Wasserstand[1] von 130 cm gemessen. Das Wasser begann dann zu steigen und nach einiger Zeit zunächst wieder zu sinken.
Eine Schülerin verwendet die auf $\mathbb{R}$ definierte Funktion h mit der Funktionsgleichung

$$h(t) = -\frac{80}{27} \cdot t^3 + \frac{40}{3} \cdot t^2 + 130$$

für $0 \leq t \leq 3{,}5$, um den Wasserstand des Rheins an der Messstelle in Bonn im Zeitraum vom 20. 10. 2016, 0:00 Uhr, bis zum 23. 10. 2016, 12:00 Uhr, zu modellieren.

Abbildung 1

Dabei entspricht z. B. $t = 0$ der Zeit 0:00 Uhr am 20. 10. 2016, $t = 1$ der Zeit 0:00 Uhr am 21. 10. 2016 und $t = 3{,}5$ der Zeit 12:00 Uhr am 23. 10. 2016. h(t) ist der Wasserstand des Rheins an der Messstelle in Bonn in cm.

1 Der Wasserstand ist die Höhe des Wassers an einer Messlatte (Pegel – siehe Abbildung 1) und entspricht nicht der Wassertiefe des Flusses.

Der Graph von h ist in der Abbildung 2 dargestellt.

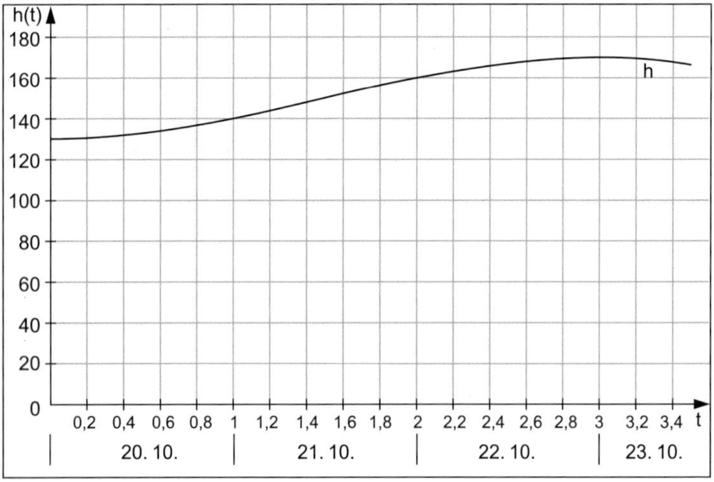

Abbildung 2

Mit der Funktion h ist es möglich, die Aufgaben a bis d zu bearbeiten.

a) Berechnen Sie den Wasserstand des Rheins an der Messstelle in Bonn am 21. 10. 2016 um 12:00 Uhr. **(3 P)**

b) Berechnen Sie $\frac{h(3) - h(1)}{2}$ und interpretieren Sie den berechneten Wert im Sachzusammenhang. **(4 P)**

c) Ermitteln Sie rechnerisch den niedrigsten und höchsten Wasserstand im betrachteten Zeitraum. **(9 P)**

d) Bestimmen Sie rechnerisch, wie lange der Wasserstand im betrachteten Zeitraum zwischen 140 cm und 150 cm lag. **(4 P)**

In der folgenden Aufgabe e wird der Wasserstand in einem über den 23. 10. 2016 hinausgehenden Zeitraum betrachtet.

e) In der folgenden Abbildung 3 ist der Wasserstand im Zeitraum vom 20. 10. 2016, 0:00 Uhr (t = 0), bis zum 23. 10. 2016, 12:00 Uhr (t = 3,5), in einem erweiterten Koordinatensystem dargestellt.

Die Abbildung 4 zeigt die momentane Änderungsrate des Wasserstandes im verlängerten Zeitraum vom 20. 10. 2016, 0:00 Uhr, bis zum 28. 10. 2016, 12:00 Uhr (t = 8,5).

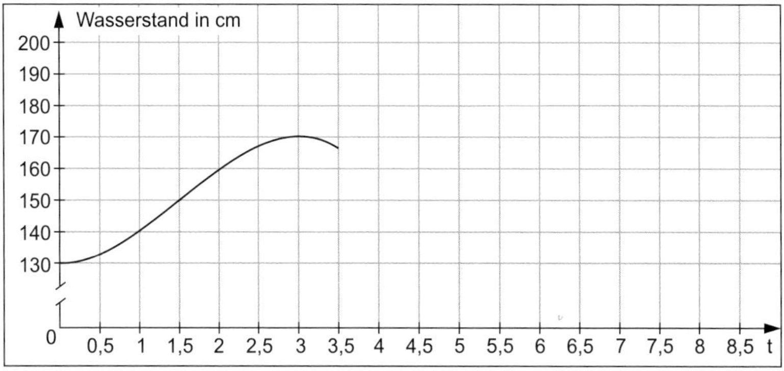

Abbildung 3

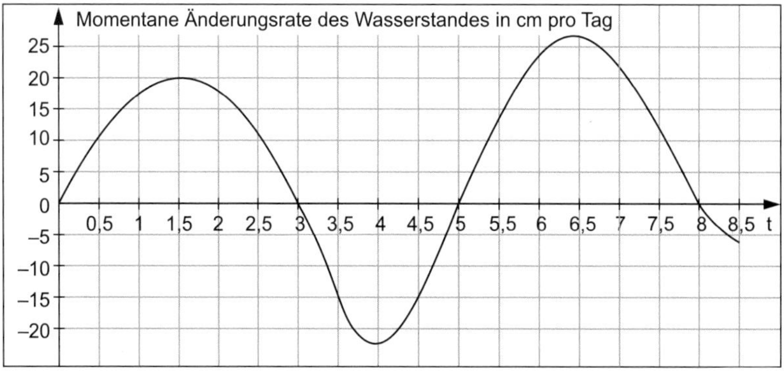

Abbildung 4

Skizzieren Sie, passend zu der in Abbildung 4 gegebenen momentanen Änderungsrate, in Abbildung 3 den weiteren Verlauf des Wasserstandes bis zum 28. 10. 2016, 12:00 Uhr. **(4 P)**

Hinweise und Tipps

Aufgabe 3 a

- In den Nullstellen der Funktion ist der Funktionswert gleich null.

Aufgabe 3 b

- Die notwendige Bedingung für eine Maximalstelle ist $f'(x) = 0$.
- Die hinreichende Bedingung ist, dass zusätzlich an der möglichen Extremstelle ein „+/–“-Vorzeichenwechsel vorliegt.
- Überprüfen Sie, ob beide Bedingungen für $x = 2$ erfüllt sind.
- *Oder:* Bestimmen Sie die möglichen Extremstellen durch Lösen einer Gleichung.

Aufgabe 3 c

- Tragen Sie die Punkte P_1 und H_1 auf dem Graphen der Funktion ein und zeichnen Sie die Gerade durch die beiden Punkte.
- Die Steigung m einer Geraden durch die beiden Punkte $P(x_p | y_p)$ und $Q(x_Q | y_Q)$ berechnet sich nach der Formel $m = \frac{y_P - y_Q}{x_P - x_Q}$.
- Die Steigung der Tangente an den Graphen der Funktion f im Punkt P_1 ist gleich der Steigung des Graphen im Punkt P_1.
- Bestimmen Sie den y-Achsenabschnitt n, indem Sie die bekannten Werte (Steigung und Koordinaten von P_1) in die allgemeine Form der Geradengleichung $y = m \cdot x + n$ einsetzen.
- Beachten Sie die Einteilung der Koordinatenachsen oder berechnen Sie als Hilfe die Koordinaten eines weiteren Punktes der Tangente und zeichnen Sie dann eine Gerade durch die beiden Punkte.
- Nähern Sie sich mit dem Punkt P_2 immer mehr dem Punkt P_1 an.
- Vergleichen Sie die Steigung der Sekante durch P_1 und P_2 mit der Tangentensteigung.

Aufgabe 3 d

- Eine Abänderung des Funktionsterms f(x) zu $k \cdot f(x)$ mit $0 < k < 1$ bewirkt eine Stauchung des Graphen der Funktion in Richtung der y-Achse.
- Eine Abänderung der Funktionsterms von f(x) zu $f(x + c)$ mit $c < 0$ bewirkt eine Verschiebung des Graphen nach rechts.

Aufgabe 4 a

- Überlegen Sie, welchem Zeitpunkt 12:00 Uhr am 21. 10. 2016 entspricht.
- Berechnen Sie den Funktionswert zu diesem Zeitpunkt.

Aufgabe 4 b

- Berechnen Sie den vorgegebenen Term.
- Beachten Sie, dass der Term einem Differenzenquotienten entspricht.

Aufgabe 4 c

- Die notwendige Bedingung für lokale Extremstellen ist $h'(t) = 0$.
- Bestimmen Sie die 1. Ableitungsfunktion mithilfe der Potenz-, Faktor- und Summenregel.
- Beachten Sie den Definitionsbereich.
- Die hinreichende Bedingung für eine Extremstelle ist, dass an der möglichen Extremstelle ein Vorzeichenwechsel der Ableitungsfunktion stattfindet.
- Beachten Sie, dass auch an den Rändern des Definitionsbereichs Extrema vorkommen können (Randextrema).
- Vergleichen Sie die Funktionswerte am Rand mit dem lokalen Extremum.

Aufgabe 4 d

- Stellen Sie die entsprechenden Gleichungen auf und lösen Sie diese.
- Achten Sie darauf, dass die Lösungen im Definitionsbereich liegen müssen.
- Denken Sie daran, dass nach dem Zeitraum (in Stunden) gefragt ist.

Aufgabe 4 e

- Die momentane Änderung des Wasserstandes in cm pro Tag (Abb. 4) gibt die Steigung des verlängerten Graphen von h (Abb. 3) an.
- Ist die Steigung gleich null und liegt an der Stelle ein Vorzeichenwechsel vor, so hat der Graph an dieser Stelle ein Extremum.
- Hat der Graph der Änderungsrate einen Tief- bzw. Hochpunkt, so fällt bzw. steigt der Graph des Wasserstandes dort am stärksten.

Lösung

Aufgabe 3

a) In den Nullstellen der Funktion ist der Funktionswert gleich null. Gleichsetzen des Funktionsterms mit null liefert für $x < 0$ die Nullstelle $a \approx -1{,}74$.

GTR: rechnerisch

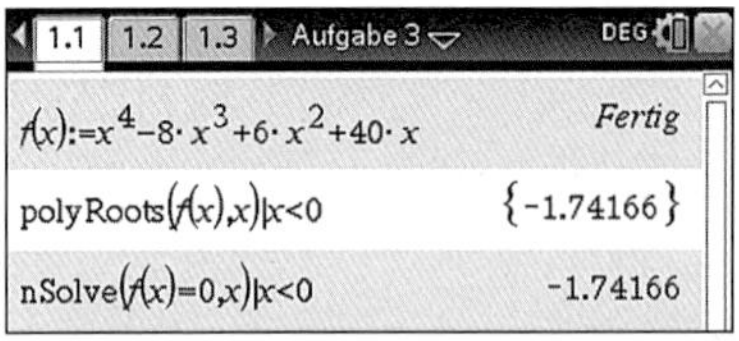

CAS: rechnerisch

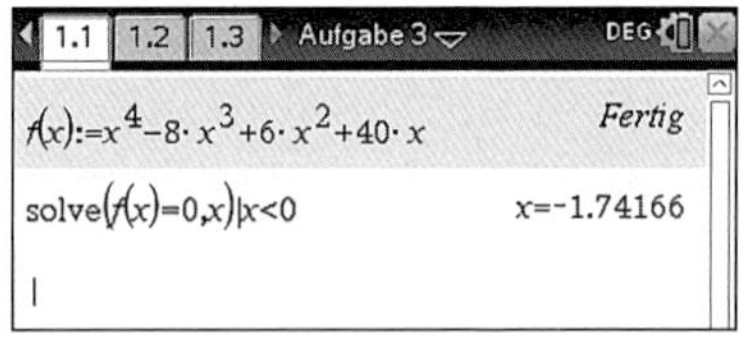

Alternative:
Der Operator „ermitteln" lässt auch die Lösung mithilfe des Grafikfensters zu. Zeichnen und Analysieren des Graphen der Funktion f ergibt nach Auswahl des zu untersuchenden Bereichs die gesuchte Nullstelle.

CAS/GTR: grafisch

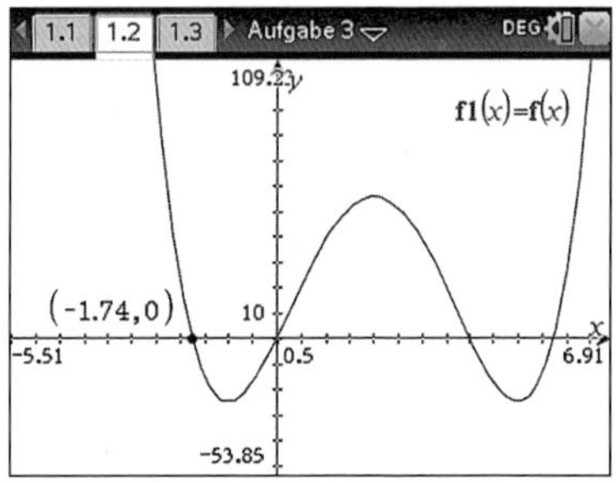

b) Die notwendige Bedingung für eine Extremstelle ist $f'(x) = 0$.
Bildet man die 1. Ableitungsfunktion mithilfe der Potenz-, Faktor- und Summenregel, so erhält man:
$f'(x) = 4x^3 - 24x^2 + 12x + 40$
Einsetzen von $x = 2$ in den Term der Ableitungsfunktion zeigt, dass die notwendige Bedingung für eine Extremstelle erfüllt ist:
$f'(2) = 4 \cdot 8 - 24 \cdot 4 + 12 \cdot 2 + 40 = 0$

CAS/GTR

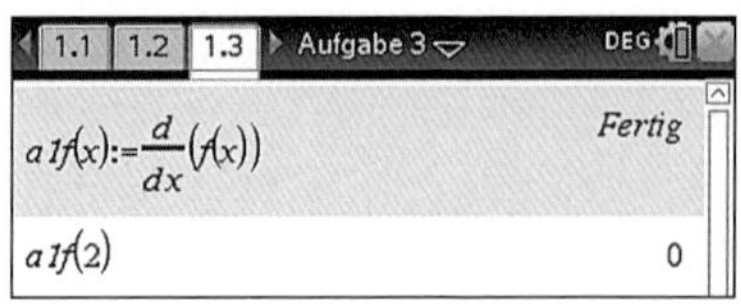

Die hinreichende Bedingung für eine Maximalstelle ist, dass zusätzlich ein „+/–"-Vorzeichenwechsel der Ableitungsfunktion vorliegt:
$f'(1{,}99) \approx 0{,}36$
$f'(2{,}01) \approx -0{,}36$
Der Graph der Funktion hat an der Stelle $x = 2$ eine lokale Maximalstelle.

CAS/GTR

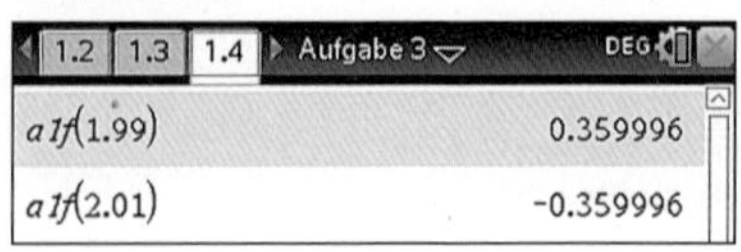

Alternative:
Es können aber auch die Nullstellen der Ableitungsfunktion bestimmt werden.

Anmerkung:
Beim GTR muss die 1. Ableitung explizit angegeben werden.

GTR

1.3 | 1.4 | 1.5 | Aufgabe 3 | DEG

$a1f(x):=4\cdot x^3-24\cdot x^2+12\cdot x+40$ — *Fertig*

polyRoots$(a1f(x),x)$ — $\{-1,2,5\}$

CAS

1.3 | 1.4 | 1.5 | Aufgabe 3 | DEG

solve$(a1f(x)=0,x)$ — $x=-1$ or $x=2$ or $x=5$

c) (1) Zeichnung:

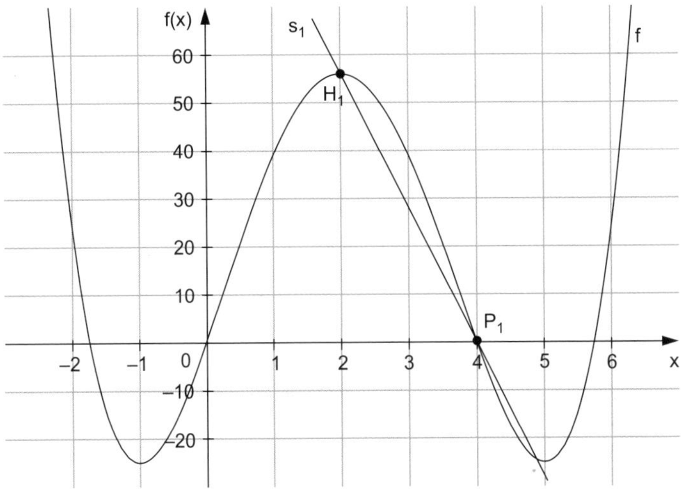

Mithilfe der Koordinaten der Punkte wird die Steigung m_{s_1} der Sekante berechnet:

$$m_{s_1}=\frac{0-56}{4-2}=-28$$

Die Steigung der Sekante s_1 beträgt –28.

GTR/CAS

1.4 | 1.5 | 1.6 | Aufgabe 3 | DEG

$ms1:=\frac{0-56}{4-2}$ — -28

(2) Die Steigung der Tangente an den Graphen im Punkt P ist gleich der Steigung des Graphen im Punkt P. Diese kann mithilfe der 1. Ableitungsfunktion der Funktion f berechnet werden:

$$f'(x) = 4x^3 - 24x^2 + 12x + 40$$

$$f'(4) = 4 \cdot 64 - 24 \cdot 16 + 12 \cdot 4 + 40$$
$$= -40$$

Einsetzen der berechneten Steigung $m = -40$ und der Koordinaten von P_1 in die allgemeine Form der Geradengleichung $y = m \cdot x + n$ ergibt:

$0 = -40 \cdot 4 + n$

$n = 160$

Die Tangente t hat die Gleichung:

$t(x) = -40x + 160$

GTR

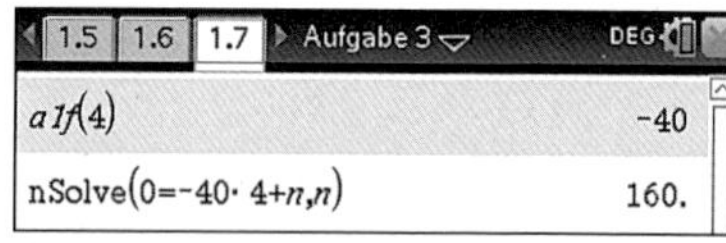

CAS

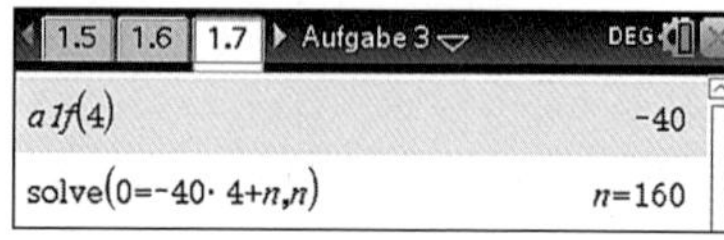

(3) Zeichnung:

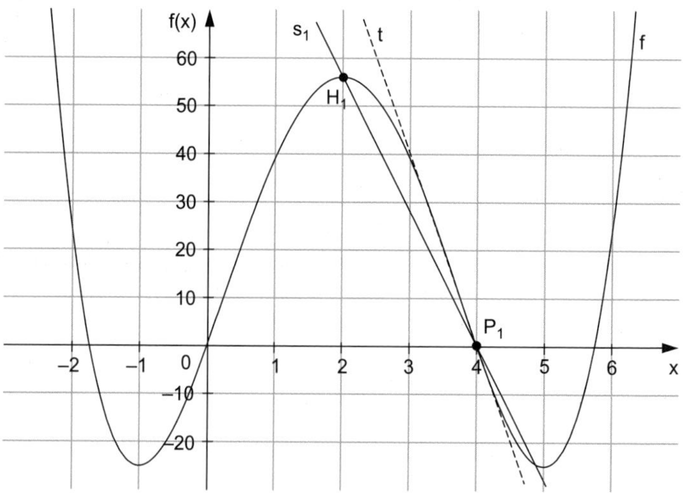

(4) Ist h die Differenz der x-Werte von P_2 und P_1, so gilt für die Sekantensteigung

$$m_{s_2}(h) = \frac{f(4+h) - 0}{4 + h - 4}$$

und für den Unterschied d der Steigungen von Sekante s_2 und Tangente t

$d(h) = |\, m_{s_2}(h) + 40 \,|$.

Annäherung von rechts:
Durch systematisches Probieren erhält man:

$d(0{,}01) = |m_{s_2}(0{,}01) + 40| \approx 0{,}061$

Ein möglicher Punkt ist $P_2(4{,}01\,|-0{,}40)$.

GTR/CAS

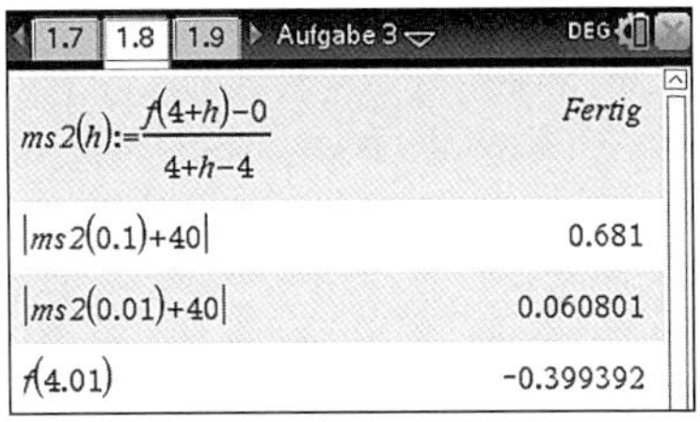

Alternative:
Annäherung von links:

$d(-0{,}01) = |m_{s_2}(0{,}01) + 40| \approx 0{,}059$

Ein möglicher Punkt ist $P_2(3{,}99\,|\,0{,}40)$.

GTR/CAS

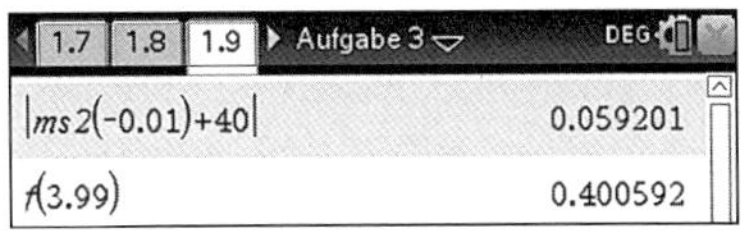

d) Eine Abänderung des Funktionsterms f(x) zu $k \cdot f(x)$ mit $0 < k < 1$ bewirkt eine Stauchung des Graphen der Funktion in Richtung der y-Achse, eine Abänderung des Funktionsterms von f(x) zu $f(x + c)$, $c < 0$ bewirkt eine Verschiebung des Graphen nach rechts.
Der Funktionswert des Graphen der Funktion f an der Maximalstelle $x = 2$ ist $y = 56$ (siehe Koordinaten von H_1). Der Stauchungsfaktor ist somit $k = \frac{28}{56} = \frac{1}{2}$.
Eine Verschiebung des Graphen nach rechts um 3 Einheiten wird erreicht durch die Addition von $c = -3$ im Argument.

Es ist: $g(x) = \frac{1}{2} \cdot f(x - 3)$

Aufgabe 4

a) Die Modellierung beginnt am 20. 10. 2016 um 0:00 Uhr.
Der 21. 10. 2016, 12:00 Uhr, entspricht somit dem Zeitpunkt $t = 1{,}5$.

$h(1{,}5) = 150$

Am 21. 10. 2016 um 12:00 Uhr betrug der Wasserstand des Rheins an der Messstelle in Bonn 150 cm.

GTR/CAS

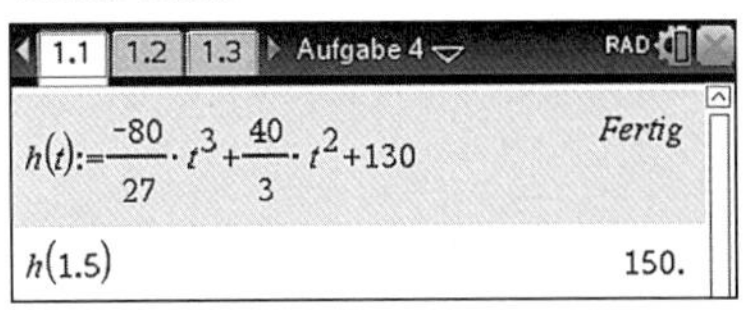

b) Man erhält:

$$\frac{h(3)-h(1)}{2}=\frac{400}{27}\approx 14{,}8$$

Allgemein wird mit dem Quotienten $\frac{h(t_2)-h(t_1)}{t_2-t_1}$ die durchschnittliche Geschwindigkeit angegeben, mit der der Wasserpegel im Zeitraum $[t_1; t_2]$ steigt bzw. fällt.

GTR/CAS

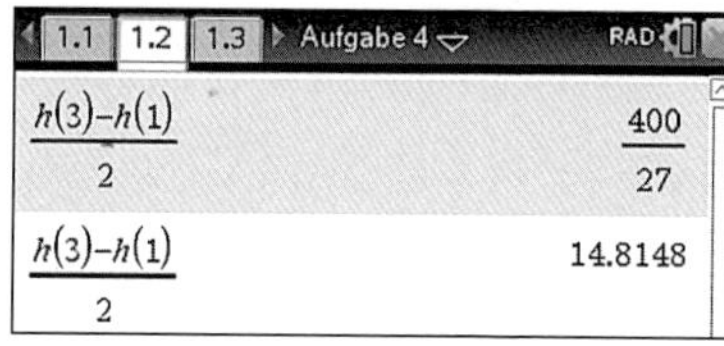

Im Zeitraum vom 21. 10. 2016, 0:00 Uhr, bis zum 23. 10. 2016, 0:00 Uhr, steigt der Wasserstand des Rheins an der Bonner Messstelle mit einer durchschnittlichen Geschwindigkeit von 14,8 cm pro Tag.

c) Die notwendige Bedingung für lokale Extremstellen ist $h'(t)=0$.

Bestimmt man die 1. Ableitung mithilfe der Potenz-, Faktor- und Summenregel, so erhält man:

$$h'(t)=-\frac{80}{9}t^2+\frac{80}{3}t$$

Die 1. Ableitungsfunktion hat folgende Nullstellen:

$t_1=0$ und $t_2=3$

GTR

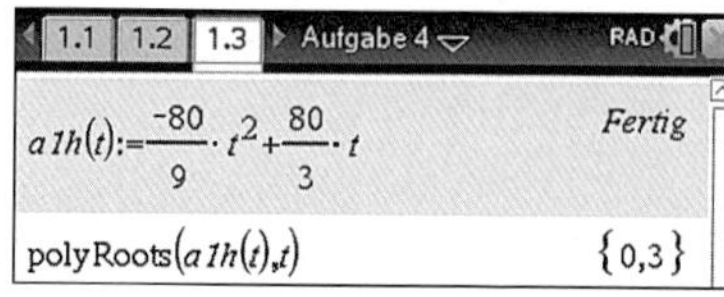

CAS

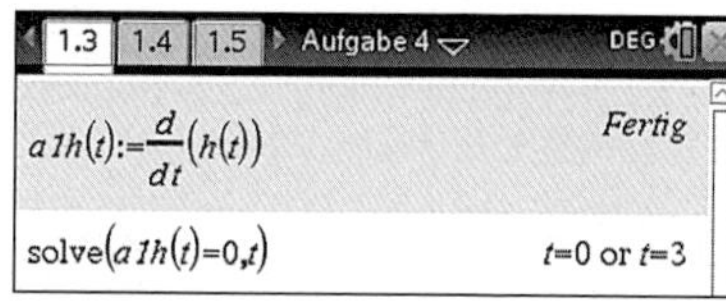

Die hinreichende Bedingung für eine Extremstelle ist, dass an der möglichen Extremstelle ein Vorzeichenwechsel der Ableitungsfunktion stattfindet.

$h'(2{,}9)\approx 2{,}58$

$h'(3{,}1)\approx -2{,}76$

GTR/CAS

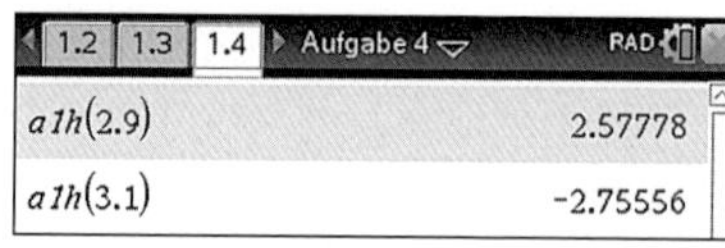

Bei $t=3$ findet ein „+/–"-Vorzeichenwechsel von $h'(t)$ statt, es liegt also eine relative (lokale) Maximalstelle vor.

$t=0$ liegt am Rand des Definitionsbereichs und muss separat untersucht werden.

Zwischen den Rändern des Definitionsbereichs liegt lediglich ein lokales Maximum, d. h., das globale Minimum der Funktion muss an einem der Ränder liegen.

Berechnung der Funktionswerte:

$h(0) = 130$

$h(3) = 170$

$h(3{,}5) \approx 166{,}3$

GTR/CAS

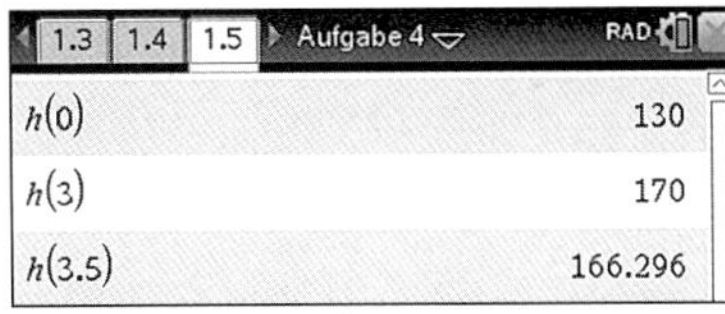

Bei $t = 0$ liegt also ein absolutes (globales) Minimum und bei $t = 3$ ein absolutes (globales) Maximum vor.

Der niedrigste Wasserstand mit einer Höhe von 130 cm ist zu Beginn des betrachteten Zeitraums. Der höchste Wasserstand zum Zeitpunkt $t = 3$ liegt bei 170 cm.

d) Die Gleichung

$h(t) = 140 \quad \Leftrightarrow \quad h(t) - 140 = 0$

hat als einzige Lösung im betrachteten Zeitraum $t \approx 0{,}98$ und die Gleichung

$h(t) = 150 \quad \Leftrightarrow \quad h(t) - 150 = 0$

hat als einzige Lösung im betrachteten Zeitraum $t = 1{,}5$.

Da eine Einheit auf der t-Achse 24 Stunden entspricht, gilt für den gesuchten Zeitraum:

$(1{,}5 - 0{,}98) \cdot 24 \text{ h} \approx 12{,}5 \text{ h}$

Im betrachteten Zeitraum lag der Wasserstand des Rheins an der Bonner Messstelle ca. 12,5 Stunden zwischen 140 cm und 150 cm.

GTR

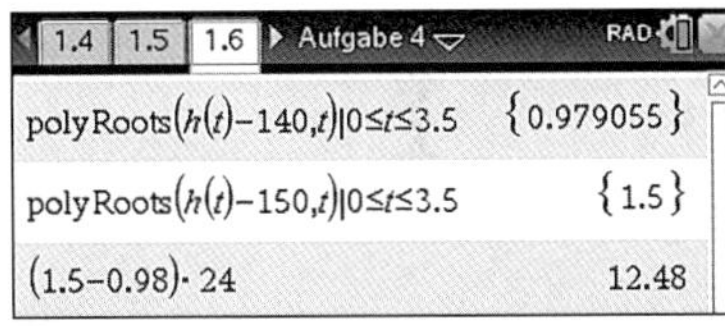

CAS

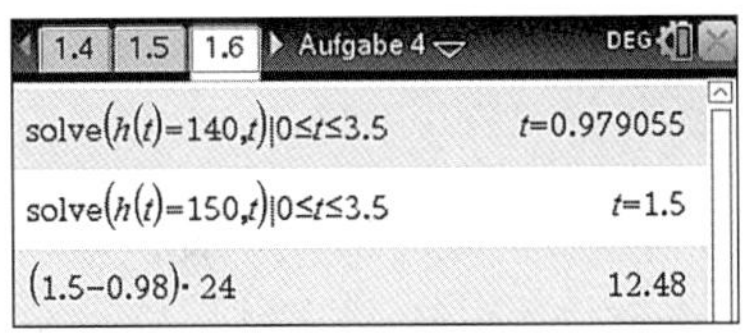

Anmerkung:
Die Gleichungen lassen sich mit dem GTR auch mit dem Befehl nSolve() lösen. Jedoch muss man beachten, dass nSolve() immer nur eine Lösung ausgibt, auch wenn mehrere Lösungen vorliegen. Eine Lösung mit dem Grafikfenster ist aufgrund des Operators „bestimme rechnerisch“ nicht möglich.

e) Die momentane Änderung des Wasserstandes in cm pro Tag gibt die Steigung des verlängerten Graphen von h an. In Abb. 4 sieht man, dass die Steigung des verlängerten Graphen bei $t \approx 5$ und bei $t \approx 8$ gleich null ist und bei $t \approx 5$ ein „−/+“-Vorzeichenwechsel bzw. bei $t \approx 8$ ein „+/−“-Vorzeichenwechsel vorliegt. $t \approx 5$ ist somit Minimalstelle und $t \approx 8$ ist Maximalstelle.

Bei $t \approx 4$ hat die Änderungsfunktion ein Minimum, die Verlängerung des Graphen von h fällt dort am stärksten. Bei $t \approx 6{,}5$ hat die Änderungsfunktion ein Maximum, die Verlängerung des Graphen von h steigt dort am stärksten.

Unter Berücksichtigung dieser Eigenschaften wird der Graph von h verlängert:

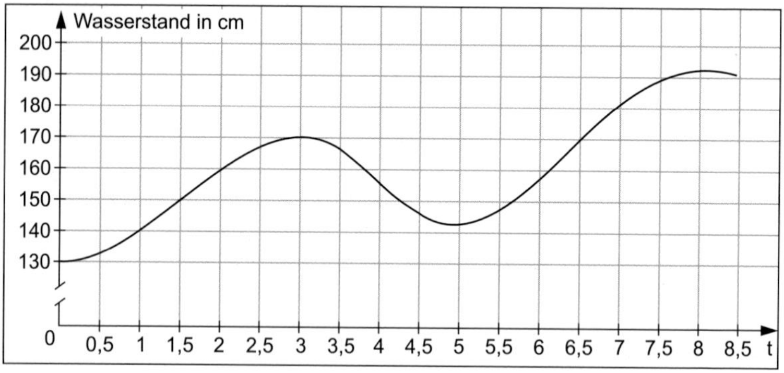

Aufgabe 1: Analysis

Gegeben ist die Funktion f mit der Gleichung $f(x) = -x^3 + 0{,}5 \cdot x^2 - 2 \cdot x,\ x \in \mathbb{R}$.

(1) Berechnen Sie f'(1). **(3 P)**

(2) Ermitteln Sie eine Gleichung der Tangente t an den Graphen von f im Punkt $P(1\,|\,f(1))$. **(3 P)**

Aufgabe 2: Stochastik

Bei einem Spiel wird das Glücksrad aus der Abbildung zweimal gedreht. Der Einsatz für das zweimalige Drehen beträgt 1 €.

- Erscheint zweimal das schwarze Feld, so bekommt man den Einsatz zurück und weitere 4 € ausgezahlt.
- Erscheint zweimal ein weißes Feld, so wird nur der Einsatz zurückgezahlt.
- Andernfalls verliert man den Einsatz.

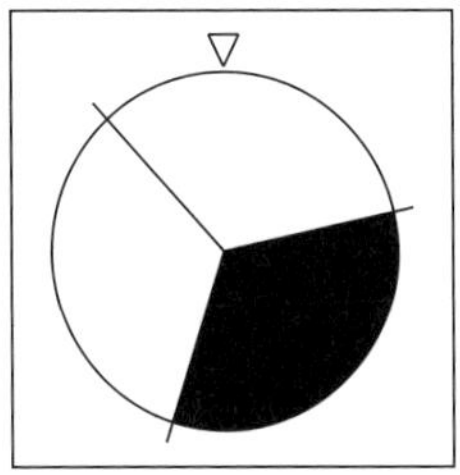

Abbildung

(1) Geben Sie die fehlenden Wahrscheinlichkeiten in den Kästchen des folgenden Baumdiagrammes an.
Geben Sie die fehlenden Gewinne/Verluste auf den Linien unter dem Baumdiagramm an.

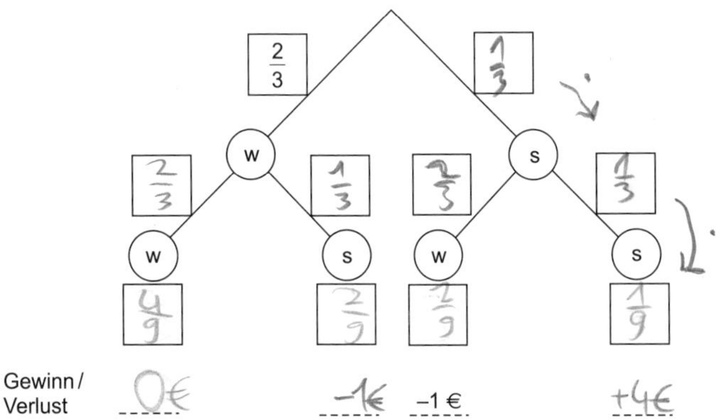

(3 P)

(2) Ein Spiel ist „fair", wenn ein Spieler auf lange Sicht weder Gewinn noch Verlust macht. Untersuchen Sie, ob das Spiel fair ist. **(3 P)**

$\frac{4}{9} \cdot 0 + \frac{2}{9} \cdot (-1) + \frac{2}{3} \cdot (-1) + \frac{1}{9} \cdot 4 = 0$

Spiel fair!

Hinweise und Tipps

Aufgabe 1

- Bilden Sie die Ableitungsfunktion mithilfe der Potenz-, Summen- und Faktorregel.
- Berechnen Sie die Ableitung an der Stelle $x = 1$ durch Einsetzen von 1 in den Term der Ableitungsfunktion.
- Die Steigung der Tangente an den Graphen von f im Punkt P ist gleich der Steigung des Graphen im Punkt P.
- Berechnen Sie den Funktionswert von f an der Stelle $x = 1$.
- Bestimmen Sie mithilfe der berechneten Steigung (siehe Aufgabenteil (1)) und der Koordinaten des Punktes P den y-Achsenabschnitt.
- Geben Sie die Gleichung der Tangente an.

Aufgabe 2

- Denken Sie daran, dass sich die Wahrscheinlichkeiten für die Elementarereignisse beim mehrmaligen Drehen eines Glücksrades nicht ändert.
- Die Summe der Wahrscheinlichkeiten, die zu den von einem Verzweigungspunkt ausgehenden Ästen gehören, ist gleich 1.
- Die Wahrscheinlichkeit eines Ergebnisses am Ende eines Pfades ist gleich dem Produkt der Wahrscheinlichkeiten entlang des Pfades (Pfadmultiplikationsregel).
- Ordnen Sie den Ergebnissen am Ende der Pfade die Gewinne/Verluste zu.
- Der Erwartungswert E(X) einer Zufallsgröße X gibt an, welcher Mittelwert bei oftmaliger Wiederholung des Zufallsexperiments zu erwarten ist.

$$E(X) = \sum_{i=1}^{n} p_i \cdot x_i = p_1 \cdot x_1 + \ldots + p_n \cdot x_n$$

- Ein Spiel ist fair, wenn der Erwartungswert des Gewinns für jeden Spieler gleich 0 ist.

Lösung

Aufgabe 1

(1) Ableiten der Funktion $f(x) = -x^3 + 0{,}5 \cdot x^2 - 2 \cdot x$ mithilfe der Potenz-, Summen- und Faktorregel führt zu:

$f'(x) = -3 \cdot x^2 + x - 2$

Einsetzen von 1 als Argument in die Ableitungsfunktion f' ergibt:

$f'(1) = -3 \cdot 1^2 + 1 - 2 = -4$

(2) Die Steigung der Tangente an den Graphen von f im Punkt P ist gleich der Steigung des Graphen im Punkt P. Nach Aufgabenteil (1) ist die Steigung $m = -4$. Berechnen des Funktionswertes an der Stelle $x = 1$:

$f(1) = -1^3 + 0{,}5 \cdot 1^2 - 2 \cdot 1 = -2{,}5$

Damit ergeben sich die Koordinaten des Punktes $P(1\,|\,-2{,}5)$. Einsetzen dieser Koordinaten und der Steigung $m = -4$ in die allgemeine Form der Geradengleichung $y = m \cdot x + n$ liefert:

$-2{,}5 = -4 \cdot 1 + n$

$n = 1{,}5$

Die Tangente hat die Gleichung $t(x) = -4 \cdot x + 1{,}5$.

Aufgabe 2

(1) Beim Drehen des Glücksrades ändern sich die Wahrscheinlichkeiten für die Elementarereignisse nicht, wenn mehr als einmal gedreht wird. Im Baumdiagramm gelten zudem die folgenden Regeln:

(I) Die Summe der Wahrscheinlichkeiten, die von einem Verzweigungspunkt ausgehen, ist gleich 1.

(II) Die Wahrscheinlichkeit eines Ergebnisses am Ende eines Pfades ist gleich dem Produkt der Wahrscheinlichkeiten entlang des Pfades (Pfadmultiplikationsregel).

Es folgt:

$p(w) = \frac{2}{3};\ p(s) = 1 - p(w) = \frac{1}{3}$

$p(w;w) = \frac{2}{3} \cdot \frac{2}{3} = \frac{4}{9}$

$p(w;s) = \frac{2}{3} \cdot \frac{1}{3} = \frac{2}{9}$

$p(s;w) = \frac{1}{3} \cdot \frac{2}{3} = \frac{2}{9}$

$p(s;s) = \frac{1}{3} \cdot \frac{1}{3} = \frac{1}{9}$

Damit erhält man das folgende Baumdiagramm:

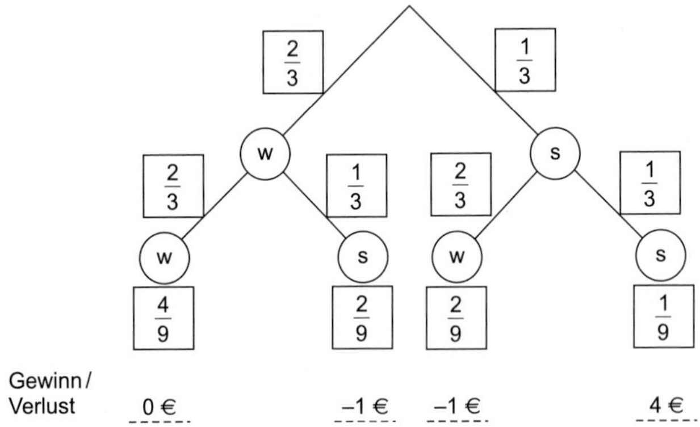

(2) Gibt die Zufallsgröße X den Gewinn/Verlust an, so erhält man folgende Wahrscheinlichkeitsverteilung für X:

	w; w	w; s	s; w	s; s
x_i	$x_1 = 0$ €	$x_2 = -1$ €	$x_3 = -1$ €	$x_4 = 4$ €
$P(X = x_i)$	$\frac{4}{9}$	$\frac{2}{9}$	$\frac{2}{9}$	$\frac{1}{9}$

Der Erwartungswert einer Zufallsgröße X gibt an, welcher Mittelwert bei oftmaliger Wiederholung des Zufallsexperiments zu erwarten ist.

$$E(X) = \sum_{i=1}^{4} p_i \cdot x_i = p_1 \cdot x_1 + \ldots + p_4 \cdot x_4$$

$$E(X) = \frac{4}{9} \cdot 0\,€ + \frac{2}{9} \cdot (-1\,€) + \frac{2}{9} \cdot (-1\,€) + \frac{1}{9} \cdot 4\,€$$

$$= -\frac{2}{9}\,€ - \frac{2}{9}\,€ + \frac{4}{9}\,€ = 0\,€$$

Da der Erwartungswert gleich 0 € ist, der Spieler also auf lange Sicht weder Gewinn noch Verlust macht, ist das Spiel fair.

Aufgabe 3: Analysis

Gegeben ist die Funktion f mit der Gleichung

$$f(x) = -\frac{1}{16} \cdot x^3 + \frac{3}{4} \cdot x + \frac{65}{16}, \quad x \in \mathbb{R}.$$

Der Graph der Funktion f ist in der folgenden Abbildung dargestellt.

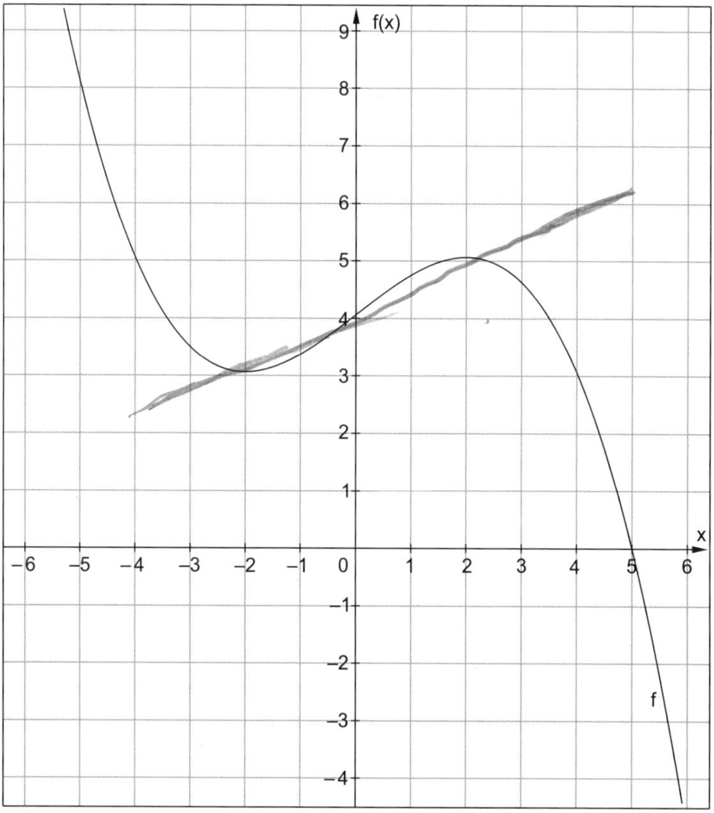

Abbildung

a) Geben Sie die exakten Koordinaten des Schnittpunktes des Graphen von f mit der y-Achse an. **(2 P)**

b) Bestimmen Sie rechnerisch die lokalen Extremstellen von f. **(7 P)**

c) Die Sekante s verläuft durch den Tiefpunkt $T\left(-2 \,\middle|\, \frac{49}{16}\right)$ und den Hochpunkt $H\left(2 \,\middle|\, \frac{81}{16}\right)$ des Graphen von f.

(1) Zeichnen Sie die Sekante s in die Abbildung ein und bestimmen Sie rechnerisch die Steigung von s.

(2) Im Bereich von $x = -2$ bis $x = 2$ gibt es Stellen, an denen die Tangente an den Graphen von f eine größere Steigung besitzt als die Sekante s. Geben Sie eine solche Stelle an und begründen Sie Ihre Angabe mithilfe einer Rechnung. **(3 + 3 P)**

d) Der Graph von f wird so in Richtung der y-Achse verschoben, dass der verschobene Graph genau zwei Nullstellen besitzt.
Geben Sie alle Möglichkeiten einer solchen Verschiebung an. **(3 P)**

e) Die Funktion f ist die Ableitungsfunktion einer Funktion g.
Entscheiden Sie begründet, z. B. mithilfe des Graphen von f, für jede der beiden folgenden Aussagen (A) und (B), ob sie wahr oder falsch ist.

(A) Der Graph von g steigt im gesamten Bereich von $x = -4$ bis $x = 0$.

(B) Der Graph von g besitzt an der Stelle $x = 5$ einen lokalen Hochpunkt.

(3 + 3 P)

Aufgabe 4: Analysis

Der US-Amerikaner Carl Lewis gehört zu den erfolgreichsten Leichtathleten der Sportgeschichte. Einen seiner acht Weltmeistertitel hat er bei den Leichtathletik-Weltmeisterschaften 1991 im 100-m-Lauf gewonnen.
In dieser Aufgabe wird eine 70 m lange Teilstrecke seines Finallaufes betrachtet. Für diese Teilstrecke wird die Momentangeschwindigkeit in Abhängigkeit von der zurückgelegten Strecke durch die Funktion v mit

Abbildung 1

$$v(x) = -0{,}0061 \cdot x^4 + 0{,}1475 \cdot x^3 - 1{,}348 \cdot x^2 + 5{,}65 \cdot x + 2{,}6, \quad x \in \mathbb{R},$$

modelliert.
Dabei ist x die zurückgelegte Strecke in der Einheit 10 m (d. h., $x = 2$ entspricht 20 m, $x = 3$ entspricht 30 m usw.). v(x) ist die zugehörige Momentangeschwindigkeit in $\frac{m}{s}$.
Für $2 \leq x \leq 9$ beschreibt diese Funktion näherungsweise die Momentangeschwindigkeit von Carl Lewis von der 20-m-Markierung bis zur 90-m-Markierung.

Der Graph von v ist in der Abbildung 2 dargestellt.

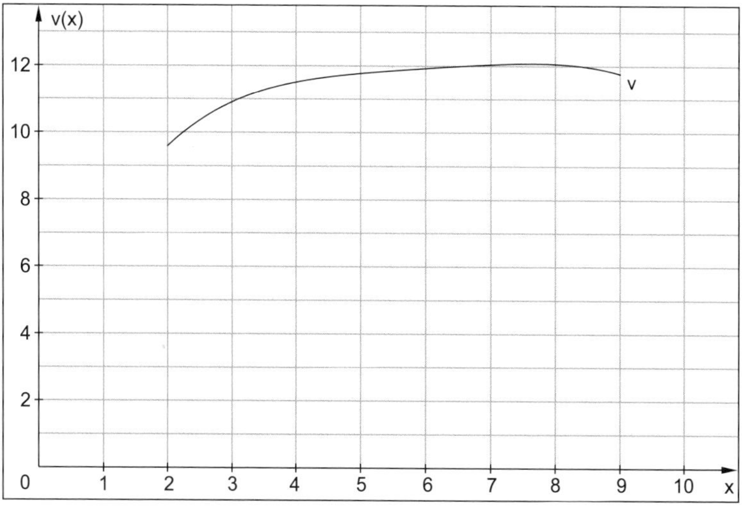

Abbildung 2

Die folgenden Teilaufgaben beziehen sich auf die durch die Funktion v modellierte Momentangeschwindigkeit.

a) Bestimmen Sie die Momentangeschwindigkeit von Carl Lewis an der 50-m-Markierung auf zwei Nachkommastellen genau.
[Zur Kontrolle: Der auf eine Nachkommastelle gerundete Wert beträgt $11{,}8\ \frac{\text{m}}{\text{s}}$.] **(2 P)**

b) Carl Lewis hat seine maximale Geschwindigkeit in dem Finallauf zwischen der 20-m-Markierung und der 90-m-Markierung erreicht.
Bestimmen Sie rechnerisch diese maximale Geschwindigkeit. **(9 P)**

c) (1) Carl Lewis hat in seinem Finallauf für die 100-m-Strecke vom Start bis zum Ziel 9,86 s benötigt.
Weisen Sie nach, dass seine Durchschnittsgeschwindigkeit bei diesem Lauf ca. $10{,}14\ \frac{\text{m}}{\text{s}}$ betragen hat.

(2) Ermitteln Sie mithilfe der Funktion v, nach welcher zurückgelegten Strecke die Momentangeschwindigkeit von Carl Lewis genauso groß wie seine Durchschnittsgeschwindigkeit gewesen ist. **(2 + 3 P)**

d) In der Abbildung 3 sehen Sie das Zeit-Weg-Diagramm einer Bewegung. Die t-Werte geben die Zeit in Sekunden und die y-Werte die in dieser Zeit zurückgelegte Strecke in m an.
Zusätzlich ist die Tangente an den Graphen an der Stelle $t = 8$ dargestellt.

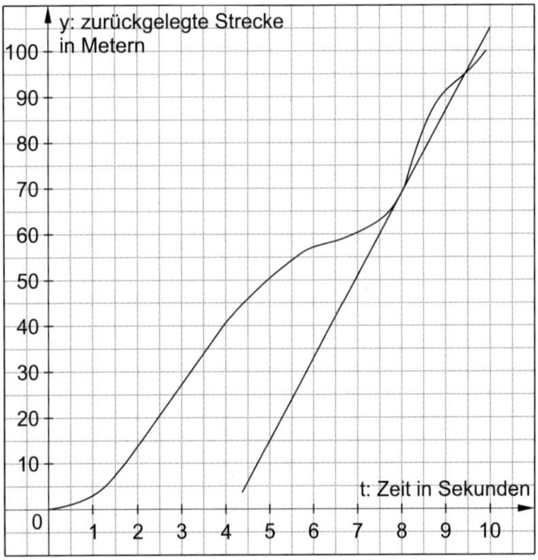

Abbildung 3

(1) Bestimmen Sie näherungsweise die Steigung dieser Tangente.

(2) Entscheiden Sie begründet, ob es sich bei dem Diagramm aus Abbildung 3 um das Zeit-Weg-Diagramm des Finallaufes von Carl Lewis handeln kann. **(2 + 2 P)**

e) Die Funktion v soll zu einer Funktion v_{neu} transformiert werden, sodass eine Strecke von 20 Metern nicht mehr durch $x = 2$, sondern durch $x = 20$, eine Strecke von 30 Metern nicht durch $x = 3$, sondern durch $x = 30$ usw. festgelegt wird. $v_{neu}(x)$ ist wieder die zugehörige Momentangeschwindigkeit von Carl Lewis in $\frac{m}{s}$.

(1) Geben Sie an, durch welche Transformation der Graph der Funktion v in den Graphen der Funktion v_{neu} überführt wird.

(2) Die Funktion v_{neu} wird durch eine der folgenden Gleichungen beschrieben. Geben Sie an, welche der Gleichungen die Funktion v_{neu} beschreibt.

(A) $v_{neu}(x) = 10 \cdot v(x)$ (B) $v_{neu}(x) = v(10 \cdot x)$

(C) $v_{neu}(x) = v(0{,}1 \cdot x)$ (D) $v_{neu}(x) = v(x - 10)$ **(2 + 2 P)**

Hinweise und Tipps

Aufgabe 3 a

- Auf der y-Achse gilt $x = 0$, bestimmen Sie daher den Funktionswert an dieser Stelle.
- Beachten Sie, dass nicht nur der Funktionswert angegeben werden soll, sondern der Schnittpunkt mit beiden Koordinaten.

Aufgabe 3 b

- Die notwendige Bedingung für eine lokale Extremstelle ist $f'(x) = 0$.
- Die hinreichende Bedingung ist, dass an der möglichen Extremstelle zusätzlich ein Vorzeichenwechsel vorliegt.
- Bestimmen Sie die 1. Ableitungsfunktion mit der Potenz-, Faktor- und Summenregel.
- Bestimmen Sie die möglichen Extremstellen durch Lösen einer Gleichung und überprüfen Sie die hinreichende Bedingung.

Aufgabe 3 c

- Tragen Sie die Punkte T und H auf dem Graphen der Funktion ein und zeichnen Sie die Gerade durch die beiden Punkte.
- Die Steigung m einer Geraden durch die beiden Punkte $P(x_P \mid y_P)$ und $Q(x_Q \mid y_Q)$ berechnet sich mit der Formel $m = \frac{y_P - y_Q}{x_P - x_Q}$.
- Die Steigung der Tangente an den Graphen der Funktion f im Punkt P ist gleich der Steigung des Graphen im Punkt P.
- Berechnen Sie die Steigung der Funktion in einem beliebigen Punkt des vorgegebenen Intervalls und kontrollieren Sie, ob die Steigung größer ist als die Steigung der Sekante.
- Wenn Sie nicht sicher sind, welchen Punkt im Intervall Sie wählen sollen, hilft es, die Ableitungsfunktion von f im Grafikfenster des Rechners zu zeichnen.

Aufgabe 3 d

- Damit der verschobene Graph genau 2 Nullstellen besitzt, muss der Graph die x-Achse berühren. Einer der Extrempunkte muss daher auf der x-Achse liegen.
- Der Graph der Funktion $f(x) + c$ entsteht aus dem Graphen der Funktion $f(x)$ durch eine Verschiebung um $|c|$ Einheiten in Richtung der y-Achse ($c < 0$: Verschiebung nach unten; $c > 0$: Verschiebung nach oben).

Aufgabe 3 e

- Der Graph der Funktion g ist streng monoton steigend in dem Bereich, in dem die Ableitungsfunktion f positiv ist.
- Der Graph der Funktion g besitzt an der Stelle x_e einen lokalen Hochpunkt, wenn $f(x_e) = 0$ gilt und f an der Stelle x_e einen „+/–“-Vorzeichenwechsel besitzt.

Aufgabe 4

- Beachten Sie bei allen Teilaufgaben den Sachkontext.

Aufgabe 4 a

- Überlegen Sie, welchem x-Wert die 50-m-Markierung entspricht.
- Berechnen Sie den Funktionswert zu diesem x-Wert und geben Sie das Ergebnis in der Einheit $\frac{m}{s}$ an.

Aufgabe 4 b

- Bestimmen Sie die 1. Ableitungsfunktion mit der Potenz-, Faktor- und Summenregel.
- Die notwendige Bedingung für lokale Extremstellen ist $v'(x) = 0$.
- Die hinreichende Bedingung für eine Maximumstelle ist, dass an der möglichen Extremstelle ein „+/–"-Vorzeichenwechsel stattfindet.
- Beachten Sie, dass auch am Rand ein Extremum vorkommen kann (Randextremum).
- Vergleichen Sie die Funktionswerte am Rand des Definitionsbereichs mit dem lokalen Maximum.

Aufgabe 4 c

- Die Durchschnittsgeschwindigkeit berechnet sich als Quotient von gelaufener Strecke und benötigter Zeit.
- Berechnen Sie, nach welcher zurückgelegten Strecke die Momentangeschwindigkeit genauso groß ist wie die Durchschnittsgeschwindigkeit, indem Sie die entsprechende Gleichung aufstellen und lösen.
- Achten Sie darauf, dass die Lösung im Definitionsbereich liegen muss.

Aufgabe 4 d

- Die Steigung m einer Gerade durch die beiden Punkte $P(x_P | y_P)$ und $Q(x_Q | y_Q)$ berechnet sich nach der Formel $m = \frac{y_P - y_Q}{x_P - x_Q}$.
- Entnehmen Sie der Abbildung 3 die Koordinaten zweier Punkte auf der Tangente. Beachten Sie bei der Auswahl der Punkte, dass sich die Koordinaten gut mithilfe des Koordinatengitters ablesen lassen.
- Vergleichen Sie die Tangentensteigung in Abbildung 3 mit der maximalen Momentangeschwindigkeit von Carl Lewis, die in Teilaufgabe b berechnet wurde.

Aufgabe 4 e

- Der Graph einer Funktion $f(b \cdot x)$ mit $b > 0$ entsteht aus dem Graphen einer Funktion $f(x)$ durch Streckung bzw. Stauchung in Richtung der x-Achse mit dem Faktor b ($b > 1$: Stauchung; $0 < b < 1$: Streckung).

Lösung

Aufgabe 3

a) Die y-Achse hat die Gleichung $x = 0$.
Der Funktionswert an der Stelle $x = 0$ beträgt:

$$f(0) = \frac{65}{16}$$

Die exakten Koordinaten des Schnittpunktes mit der y-Achse lauten:

$$S_y\left(0 \,\middle|\, \frac{65}{16}\right)$$

GTR/CAS

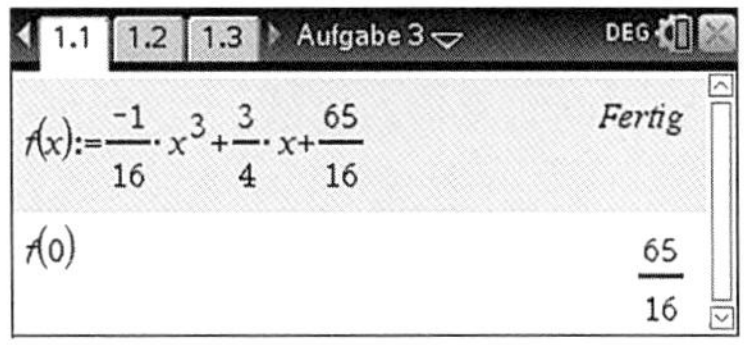

Anmerkung:
Eine grafische Lösung ist hier nicht möglich, da sich die y-Koordinate des Schnittpunktes nicht exakt ablesen lässt.

b) Die notwendige Bedingung für eine Extremstelle ist $f'(x) = 0$.
Bildet man die 1. Ableitungsfunktion mithilfe der Potenz-, Faktor- und Summenregel, so erhält man:

$$f'(x) = -\frac{3}{16} \cdot x^2 + \frac{3}{4}$$

Lösen der Gleichung $f'(x) = 0$ liefert $x = -2$ und $x = 2$.

GTR

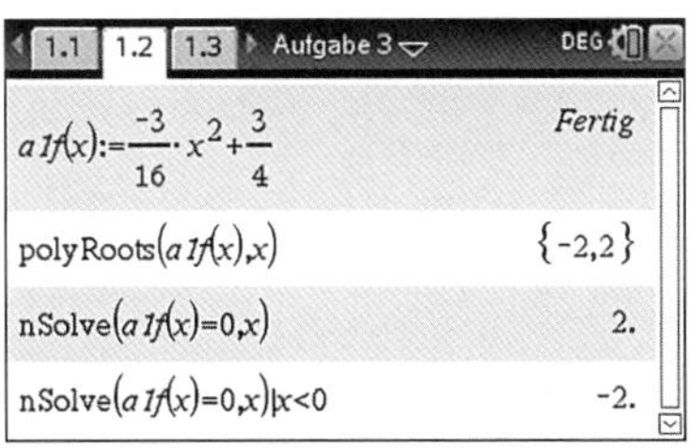

CAS

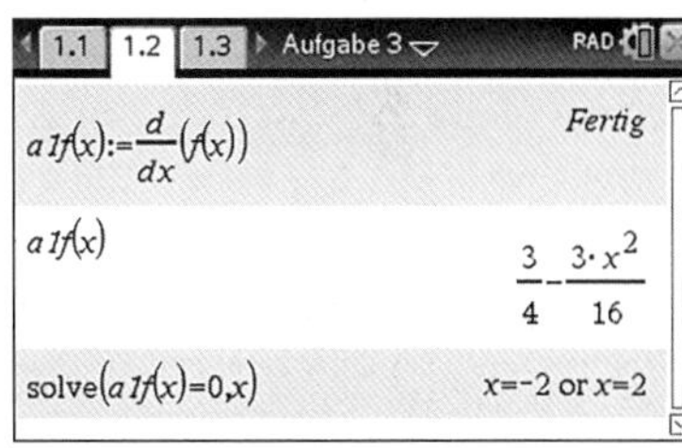

Die hinreichende Bedingung für eine Extremstelle ist, dass an der möglichen Extremstelle ein Vorzeichenwechsel vorliegt.

Man erhält:

$f'(-2{,}1) \approx -0{,}077 < 0$

$f'(-1{,}9) \approx 0{,}073 > 0$

$\Rightarrow$ Vorzeichenwechsel bei $x = -2$

$f'(1{,}9) \approx 0{,}073 > 0$

$f'(2{,}1) \approx -0{,}077 < 0$

$\Rightarrow$ Vorzeichenwechsel bei $x = 2$

GTR/CAS

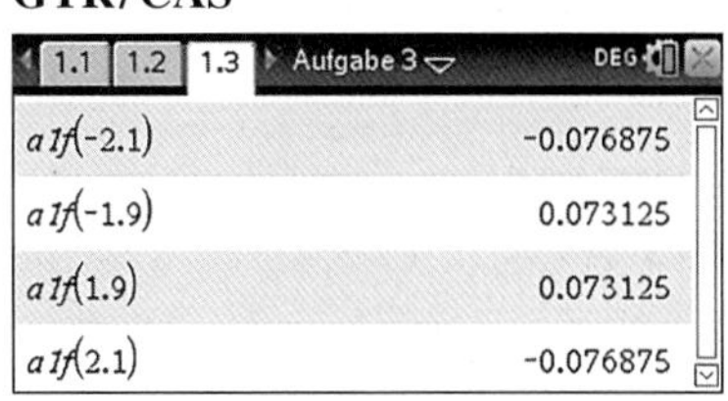

Es treten also an den möglichen Extremstellen Vorzeichenwechsel bei der 1. Ableitungsfunktion f'(x) auf. Die Stellen $x=-2$ und $x=2$ sind somit lokale Extremstellen.

Anmerkung:
Da der Operator „Bestimmen Sie rechnerisch …“ lautet, ist eine grafische Lösung durch Analyse des Graphen nicht möglich.

c) (1) Zeichnung der Sekante:

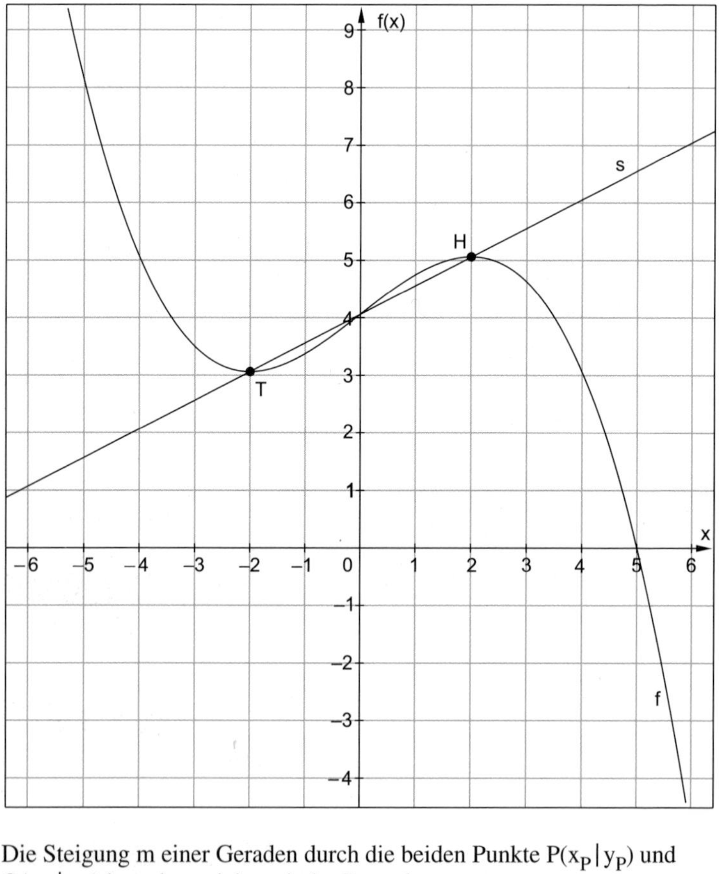

Die Steigung m einer Geraden durch die beiden Punkte $P(x_P \mid y_P)$ und $Q(x_Q \mid y_Q)$ berechnet sich nach der Formel:

$$m = \frac{y_P - y_Q}{x_P - x_Q}$$

Einsetzen der Koordinaten der Punkte T und H führt zu:

$$m = \frac{\frac{81}{16} - \frac{49}{16}}{2-(-2)} = \frac{1}{2}$$

Die Steigung der Sekante s beträgt $m = \frac{1}{2}$.

(2) Die Steigung der Tangente im Punkt P ist gleich der Steigung des Graphen im Punkt P. Diese kann mithilfe der 1. Ableitungsfunktion der Funktion f berechnet werden.
Gesucht ist eine Stelle im Intervall [–2; 2], für die gilt: $f'(x) > \frac{1}{2}$

$x = 1$ ist eine mögliche Stelle, denn es gilt:

$$f'(1) = \frac{9}{16} > \frac{1}{2}$$

GTR/CAS

Anmerkung:
Um eine gesuchte Stelle nicht rein zufällig auswählen zu müssen, kann der Graph der Ableitungsfunktion f' sowie die Gerade mit der Gleichung $y = \frac{1}{2}$ gezeichnet und die Schnittpunkte von Graph und Gerade bestimmt werden. Es ist zu sehen, dass alle Punkte, deren x-Werte im Intervall]–1,15; 1,15[liegen, die geforderte Bedingung $f'(x) > \frac{1}{2}$ erfüllen.

GTR/CAS

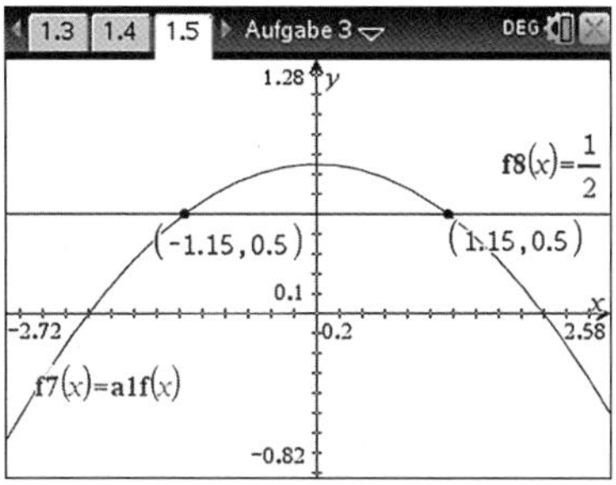

Auch können die Grenzen dieses Intervalls durch Lösen der Gleichung $f'(x) = 0{,}5$ bzw. $f'(x) - 0{,}5 = 0$ rechnerisch bestimmt werden.

GTR

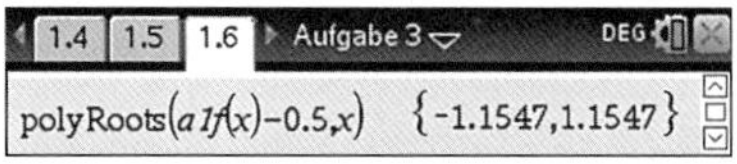

CAS

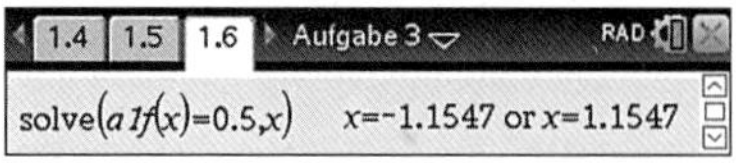

d) Eine Funktion vom Grad 3 besitzt maximal 3 Nullstellen. In der Abbildung ist zu sehen, dass die vorliegende Funktion f genau eine Nullstelle besitzt. Damit der verschobene Graph genau 2 Nullstellen besitzt, muss der Graph die x-Achse berühren. Er hat daher auf der x-Achse einen Extrempunkt.
Der Graph der Funktion $f(x)+c$ entsteht aus dem Graphen der Funktion $f(x)$ durch eine Verschiebung um $|c|$ Einheiten in Richtung der y-Achse ($c<0$: Verschiebung nach unten; $c>0$: Verschiebung nach oben).

Möglichkeit 1:
Verschieben des Graphen der Funktion f um $\frac{49}{16}$ Einheiten nach unten, sodass der Tiefpunkt des verschobenen Graphen auf der x-Achse liegt.

Möglichkeit 2:
Verschieben des Graphen der Funktion f um $\frac{81}{16}$ Einheiten nach unten, sodass der Hochpunkt des verschobenen Graphen auf der x-Achse liegt.

Anmerkung:
Zwar ist eine grafische Darstellung nicht verlangt, dennoch kann es nützlich sein, die verschobenen Graphen zu skizzieren.

Die Funktionsgleichungen der verschobenen Graphen sind:

$$f_1(x) = -\frac{1}{16}x^3 + \frac{3}{4}x + \frac{65}{16} - \frac{49}{16}$$

$$f_2(x) = -\frac{1}{16}x^3 + \frac{3}{4}x + \frac{65}{16} - \frac{81}{16}$$

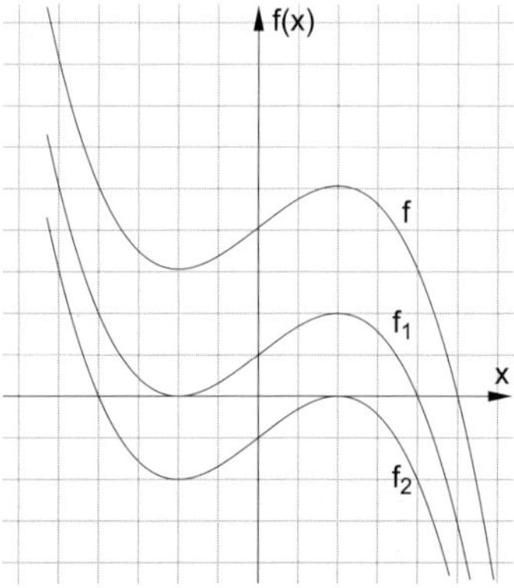

Anmerkung:
Um eine gewisse Vorstellung von der Verschiebung zu bekommen, kann ein Schieberegler c definiert werden und im Grafikfenster die Funktion $f(x)+c$ gezeichnet werden.

GTR/CAS

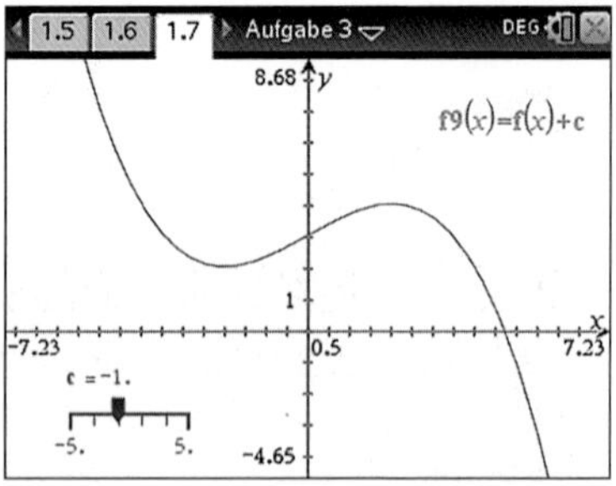

e) Der Graph der Funktion f verläuft im gesamten Intervall [−4; 0] oberhalb der x-Achse. Somit ist die Funktion f in diesem Intervall positiv. Da die Funktion f die Ableitungsfunktion der Funktion g ist, hat g im Intervall [−4; 0] eine positive Steigung. Die Aussage (A) ist somit wahr.

Der Abbildung kann entnommen werden, dass der Graph der Funktion f die x-Achse bei $x = 5$ schneidet, es gilt also $f(5) = 0$. Außerdem liegt an der Stelle ein „+/–"-Vorzeichenwechsel vor. Daher ist die Aussage (B) wahr.

Alternative:
Es kann auch rechnerisch gezeigt werden, dass die Funktion f die Nullstelle $x = 5$ besitzt.

GTR

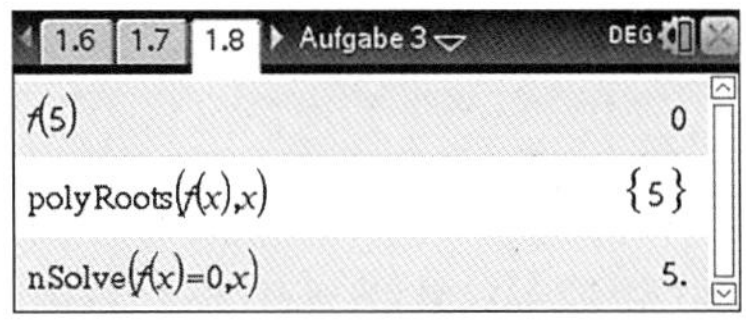

CAS

Aufgabe 4

a) Die 50-m-Markierung entspricht $x = 5$. Einsetzen von 5 als Argument in die Funktion der Momentangeschwindigkeit ergibt $v(5) \approx 11{,}78$.
Bei der 50-m-Markierung beträgt die Momentangeschwindigkeit von Carl Lewis ca. $11{,}78\ \frac{m}{s}$.

GTR/CAS

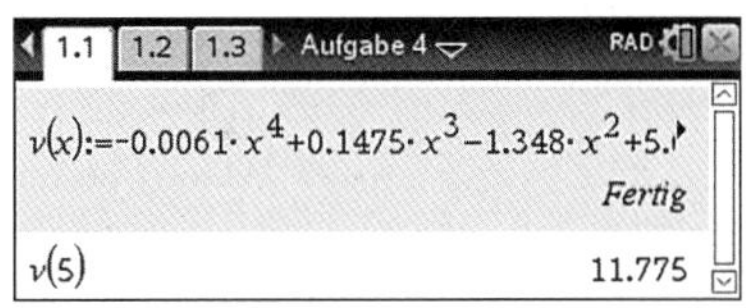

b) Bestimmt man die 1. Ableitung mithilfe der Potenz-, Faktor- und Summenregel, so erhält man:

$v'(x) = -0{,}0244 \cdot x^3 + 0{,}4425 \cdot x^2 - 2{,}696 \cdot x + 5{,}65$

Die 1. Ableitungsfunktion hat die Nullstelle $x \approx 7{,}64$.

GTR

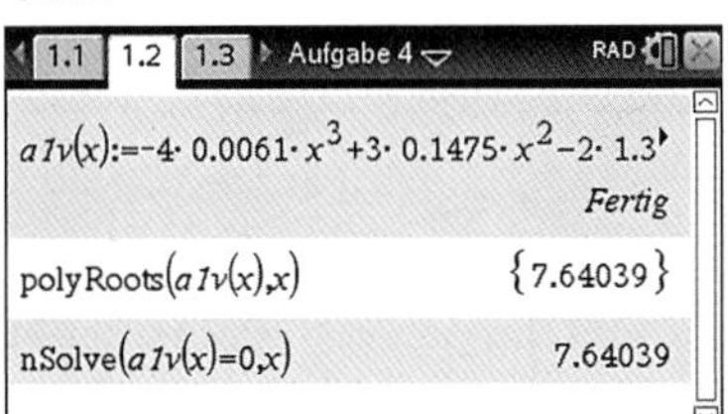

CAS

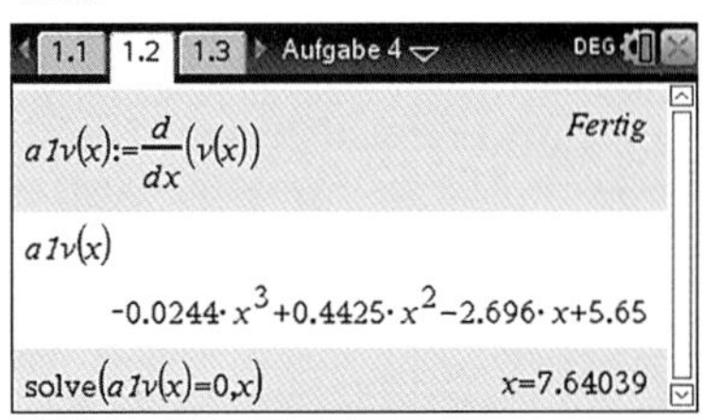

Die Überprüfung der hinreichenden Bedingung ergibt:
$v'(7) = 0{,}0913 > 0$
$v'(8) = -0{,}0908 < 0$

Bei $x \approx 7{,}64$ liegt ein lokales Maximum vor. Der zugehörige y-Wert ergibt sich durch Einsetzen:
$v(7{,}64) \approx 12{,}08$

Untersuchung auf Randextrema durch Berechnung der Funktionswerte am Rand des Definitionsbereichs:
$v(2) = 9{,}5904 < 12{,}08$
$v(9) = 11{,}7674 < 12{,}08$

GTR/CAS

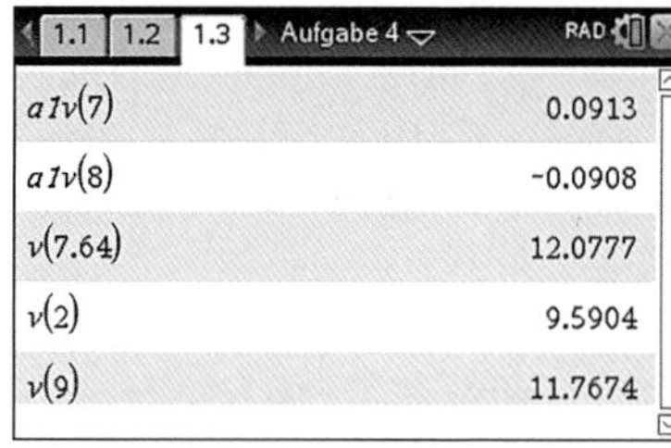

Nach ungefähr 76,4 m hat Carl Lewis seine höchste Momentangeschwindigkeit von ca. $12{,}08\ \frac{m}{s}$ erreicht.

c) (1) Die Durchschnittsgeschwindigkeit berechnet sich als Quotient von gelaufener Strecke, in diesem Fall 100 m, und benötigter Zeit, hier 9,86 s.

$$\overline{v} = \frac{\Delta x}{\Delta t} = \frac{100\ m}{9{,}86\ s} \approx 10{,}14\ \frac{m}{s}$$

Die Durchschnittsgeschwindigkeit von Carl Lewis betrug ca. $10{,}14\ \frac{m}{s}$.

(2) Die Funktion v gibt die Momentangeschwindigkeit an. Gesucht ist also die Stelle im Definitionsbereich, bei der der Funktionswert der Durchschnittsgeschwindigkeit entspricht. Aufstellen der entsprechenden Gleichung
$v(x) = 10{,}14$ bzw. $v(x) - 10{,}14 = 0$
und Lösen mit dem Rechner ergibt die Lösungen $x \approx 2{,}33$ und $x \approx 10{,}39$. Da $x \approx 10{,}39$ außerhalb des Definitionsbereichs liegt, ist $x \approx 2{,}33$ die gesuchte Lösung.

GTR

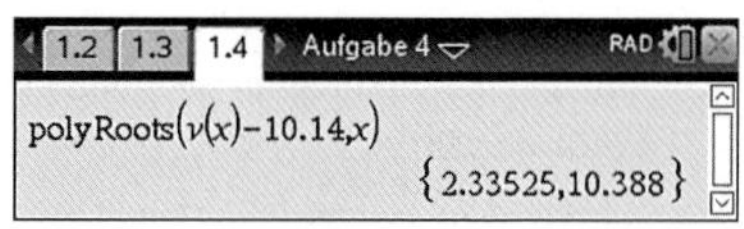

CAS

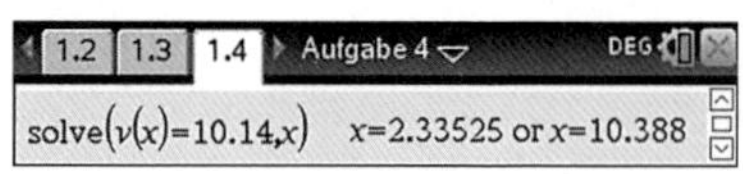

Nach etwas mehr als 23 m war die Momentangeschwindigkeit von Carl Lewis genauso groß wie die Durchschnittsgeschwindigkeit während seines 100-m-Laufs.

d) (1) Wählt man die Punkte P(5 | 15) und Q(7,5 | 60) auf der Tangente und setzt die Koordinaten in die Steigungsformel ein, so erhält man:

$$m = \frac{60-15}{7{,}5-5} = \frac{45}{2{,}5} = 18$$

Die Tangente hat näherungsweise die Steigung 18. Die Einheit der Steigung ist $\frac{m}{s}$.

(2) Nach Teilaufgabe b (bzw. wie in Abbildung 2 zu erkennen ist) beträgt die maximale Momentangeschwindigkeit von Carl Lewis etwas mehr als 12 $\frac{m}{s}$. Die Steigung der Tangente an den Graphen und damit die Steigung des Graphen im Zeit-Weg-Diagramm entspricht der Momentangeschwindigkeit. Da die Tangentensteigung in Abbildung 3 den Wert 18 $\frac{m}{s}$ hat und damit eine viel größere Geschwindigkeit darstellt als die Maximalgeschwindigkeit, kann es sich nicht um das Zeit-Weg-Diagramm des 100-m-Laufs von Carl Lewis handeln.

e) (1) Der Graph der Funktion v wird durch Streckung in Richtung der x-Achse mit dem Faktor 10 in den Graphen der Funktion v_{neu} überführt.

(2) Die Gleichung (C), also $v_{neu}(x) = v(0{,}1 \cdot x)$, ist die richtige Gleichung.

Anmerkung:
Ist man unsicher, so kann man die Funktionswerte der zur Auswahl stehenden Funktionen z. B. an der Stelle x = 50 berechnen und mit dem Funktionswert der Funktion v (siehe Teilaufgabe a) an der Stelle x = 5 vergleichen. Anschließend kann man den Graphen der neuen Funktion auch zeichnen. Der Operator „Geben Sie an …" verlangt aber weder eine Begründung noch eine Zeichnung.

GTR/CAS

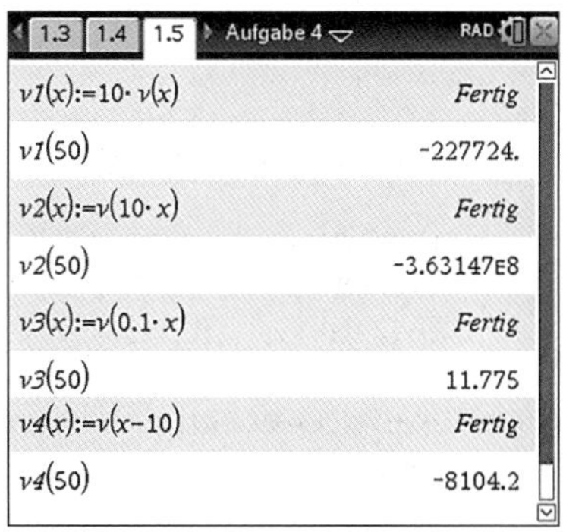

GTR/CAS

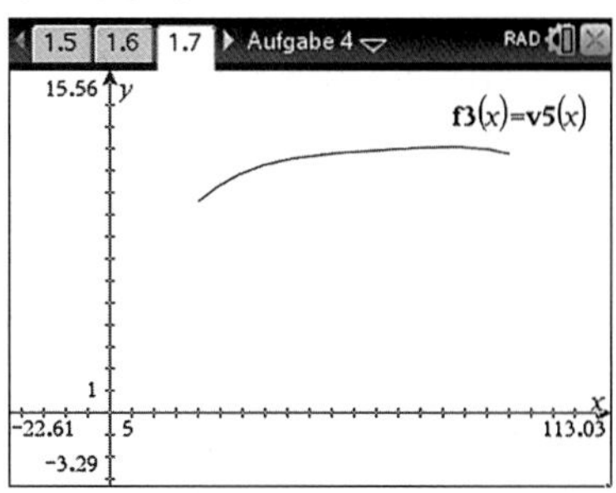